Urban Planning for City Leaders

城 市 规 划

——写给城市领导者

（原著第二版）

联合国人居署　编著

王　伟　那子晔　李一双　译

中国建筑工业出版社　　　　　UN**⊛**HABITAT

著作权合同登记图字：01–2015–4649号

图书在版编目（CIP）数据

城市规划——写给城市领导者（原著第二版）／联合国人居署编著；王伟，那子晔，李一双译. —北京：中国建筑工业出版社，2015.12（2024.6重印）
ISBN 978-7-112-18583-2

Ⅰ.①城…　Ⅱ.①联…②王…③那…④李…　Ⅲ.①城市规划　Ⅳ.①TU984

中国版本图书馆CIP数据核字（2015）第248972号

URBAN PLANNING FOR CITY LEADERS
(2nd edition)
ISBN 978-92-1-132505-8
© 2013 United Nations Human Settlements Programme (UN-Habitat)

责任编辑：董苏华　孙书妍
责任校对：刘　钰　姜小莲

城市规划——写给城市领导者
（原著第二版）
联合国人居署　编著

王　伟　那子晔　李一双　译
*
中国建筑工业出版社出版、发行（北京西郊百万庄）
各地新华书店、建筑书店经销
北京锋尚制版有限公司制版
建工社（河北）印刷有限公司印刷
*
开本：787×1092毫米　1/16　印张：12　字数：213千字
2016年4月第一版　　2024年6月第六次印刷
定价：99.00元
ISBN 978-7-112-18583-2
（27860）

目 录

中文版序

当前，经历了30多年高速发展的中国城镇化已经正式进入了"深度城镇化"阶段，未来五至十年是中国城镇化能否避开先行国家城市化弯路、超越"中等收入陷阱"、落实新型城镇化规划的关键阶段，也是治理前一阶段"广度、速度城镇化"所带来的各种"城市病"最有效的时期。

"新常态"下我国城镇化呈现出一系列新特征与面临着一系列新挑战：城镇化速度将明显放缓；机动化将强化郊区化趋势；城市人口老龄化快速来临；住房需求持续减少；碳排放国际压力空前加大；能源和水资源结构性短缺持续加剧；城市空气、水和土壤污染加剧；小城镇人居环境退化、人口流失；城市交通拥堵日趋严重；城镇特色和历史风貌丧失；保障性住房积存与住房投机过盛并存；城市防灾、减灾功能明显不足等等。然而城市是"问题"的根源，也是解决问题的钥匙，"深度城镇化"正是"速度城镇化"的解药。

由于城镇化关系到每个国民，涉及的因素多、包含的内容广，似乎每个人都可以对城镇化发表见解。但从长远角度来看，如何就城镇化这样复杂的问题开展研究呢？实际上，依据学术界长期积累的经验，凡是对庞大、复杂而又长远的问题，常常采取两种研究方法。第一，化复杂为简单。找到最关键的问题，用底线思维来寻求答案。第二，从多维度进行剖析，防止遗漏最主要的问题和对策。

由联合国人居署发起编著的《城市规划——写给城市领导者》一书，目的在于为地方领导者和决策者提供有力的工具，来支持城市规划的良好实践，旨在使领导者意识到城市规划可能为他们的城市带来的价值，并促进领导者、政策制定者和城市规划师开展合作性对话，一道致力于让城市规划为城市的整体利益发挥作用——把关注的核心放在公共资源的创造、保护和促进上，以及开发、提供充足的城市资产上。译者团队对此书的译制，将为当下面临多维转型需求的我国大中小城市、身肩推动转型重责的城市领导者以及城乡规划工作提供有益的视野、思路与方案。

最后，中国城镇化与城乡规划的发展需要在学习中创新，也需要在实践中升华，要在世界胜出，必须探索具有中国特色的"C 模式"（China 模式）。这要求中国城市领导者们与每一位规划人必须要有恒心，要有"功成不必在我任期"胸怀和眼光，要有"立足本土放眼全球"博采众长的宽阔视野，通过若干年扎实细致的工作促进我国城镇化与城市的真正可持续发展。

仇保兴

2015年11月16日

序　言

琼·克罗斯博士

　　城市的快速增长是21世纪最大的挑战之一。在过去的一个世纪，我们的世界迅速为城市所主导。同时，城市也蕴含着一些社会中最迫切的问题，林林总总诸如失业、气候变化、环境退化等。但城市仍然是破解国家城镇发展的关键。它们释放了巨大经济潜力、提高了能源效率、减少了不公平、为所有人创造可持续生计的真正机遇。历史已经表明，城市化带动了发展。很显然，城市化是发展的源泉，而非只是副产品。虽然非洲和亚洲是城市化程度最低的两个洲，但它们具有世界上最快的城市化速度。城市化因此可以被用作转变生活与生计的有力杠杆。

　　值得指出，发展中的城镇面临着诸多挑战，包括高比例的人口仍居住在贫民区；非正式部门的扩张及其在产业中的主导作用；城市基础服务欠缺，尤其是水、卫生服务和能源供给不到位；城郊地区无序扩张；因土地资源引发的社会与政治冲突；面对自然灾害时的高度脆弱性；以及欠佳的交通组织。如果城市要在经济与社会发展中发挥驱动作用，这些问题必须通过有效的规划和管治得到解决。

　　如何利用城市化带来的机遇，促进人类可持续发展，是联合国人居署开展工作的许多国家所面临的最典型挑战之一。遗憾的是，许多发展中国家对于城市规划与设计还缺乏战略。即使在那些进行过城市规划的地方，解决起城市快速扩张过程中特有的一些问题，也往往力不从心。这样的例子包括无效的和不可持续的城市政策、过度的都市区划和不充分的执行、远离城市中心的发展、由于道路与交通系统土地配置的不足导致的可达性低下，以及缺乏适当的城市设计而无法达到最适宜的密度。低效的规划或者无规划带来的后果，制约了经济发展的潜力，影响了城市居民的健康、机会和福祉。

　　对于发展中国家而言，合适的城市规划可以是简单的、可实施的、灵活的，并针对当地变化的需要。城市政府必须拥有足够的能力促成居民在前进的路上达成一致，建立社会信任，对出现的利益冲突进行仲裁，包括土地争端问题。

　　只有足够强的能力以及更合适的城市规划，一个国家才能利用城市化带来的机遇，推动发展。城市可以形成规模经济，提高生产力，促进思想交流，并激发创新。

　　这本指南旨在填补城市规划技术与政策之间的空白，并帮助当地领导者更好地与规划部门沟通，提出恰当的问题，避免规划时常脱离日常现实和市民需求的困境。这本指南中深入分析了世界各地的领导者们如何成功地调动来自社会团体、专家以及私人部门的力量，解决城市发展的迫切需求，并总结出一些切实可行的建议。

　　城市规划需要新的方法，在这个方法中，当地领导者应当最大限度地参与到城市未来发展的塑造之中。我相信该手册将不仅有助于提高在这方面的意识、构建能力，同时也将为这方面将来的举措指明方向。作为"世界城市运动"的一部分（注：世界城市运动是一个全球性的公共、私人和市民平台，旨在推动和加强政策、战略和行动，来提升城市生活品质。该平台在2010年3月，世界城市论坛第五次会议上被发起，由联合国人居署进行总体协调，由监管委员会进行运作。http://www.worldurbancampaign.org/），联合国人居署发起的"我是城市变革者"的运动，旨在促进城市可持续发展，在市民中形成创造更好城市未来的意识。毫无疑问，这本出版物将成为变革平台中至关重要的支柱，支持并动员世界各地的社区力量、合作伙伴以及他们的领导者们。

琼·克罗斯 博士
（Dr. Joan Clos）
联合国副秘书长
联合国人居署执行理事

一位市长的发言

Anibal Gaviria Correa 市长

良好的规划将改变你的城市

对于地方领导者而言，城市规划是实现城市愿景的一个关键工具。一本提供城市规划经验和观念的指南对于市长和其他地方领导者来说是重要的。就我们在哥伦比亚麦德林的经历来说，我们已经认识到了城市规划对于良好发展的重要性。我们拥有城市规划的工具，它考虑了居民的意见并经过议会的批准，并且当地领导人参与规划编制是一项强制行为。尽管城市规划经常被认为是官僚政治的需要，但如果能够被合理地构思，并且得到系统的执行，即使是那些仅有短短四年有效期的规划，也能在今后20年或更长的时期对一个城市发挥作用。

的确，一个良好的规划是发展的关键。如果在居民的参与下制定，并且清楚地指出未来发展的支柱，它就能在城市的发展中起到关键作用。它的影响取决于几个因素：它需要反映特定地域的社会契约，并且它不应该受一些突然变化的支配，随着政府的每项变动而修改。在麦德林，我们实现了城市的重大转型，因为我们在过去的10年里成功地维持了城市发展观念和方法的连续性。这之所以可能，是因为在该时期的历届政府能够达成共识——每一届都建立在其前届的良好规划理念上，直到规划目标的实现。

城市规划以及其所支持的服务和基础设施的扩展，在麦德林是至关重要的。它们证明了公共机构和国家的功用，不仅对于整个城市，尤其对于非正式和无序发展盛行的城市区域。把公共主体带入这些区域有着强大的变革效果。在麦德林，我们通过交通系统规划，解决了地形产生的交通困难。借助于经济和生态优势，以一种创新的方法，应对地形和交通需求，大大提高了可达性。加上其他基础设施、公共服务和设备的投资，这改变了之前整体衰败和边缘化的地区。

这本指南根据真实的经验，就城市规划如何发挥作用和改变现实，提供了真知灼见。尤其鼓舞人心的是，它清晰地把规划和融资联系起来，这对于有效的执行很重要。城市规划的实现极大地取决于公共投资和现实投资的到位程度。私人投资者的支持，居民和开发商的配合也很重要。公共参与和与社区对话是最重要的，特别是在任何干预行为的执行中。《城市规划——写给城市领导者》展现了许多成功的实践，强调了解决实际问题的策略。它分享了观点，并启发我们思考：那些真正激发城市转型的、好的城市规划应当具备哪些关键原则。

Anibal Gaviria Correa
麦德林市市长，2012~2015年

一位CEO的发言

罗兰·布施 博士

世界级的城市需要良好的规划

今天，城市不仅是经济增长的重要中心，也是人口增长和资源消费的中心。在西门子，我们相信城市也是推动可持续发展和生活质量提高的主角。超过10亿人仍然无法获得电力、卫生服务和清洁的饮用水。发展中国家的城市居民数量预计将在2000年到2030年间翻倍——从20亿达到40亿人。在这个背景下，必须理解其对于发展中国家城市的挑战和机遇——在这些地方，目前在基本服务的提供和快速增长的城市人口之间存在缺口。

在未来的数十年，城市区域内需要建设大量的基础设施。在全球范围内，城市将平均每年投资2万亿欧元。这产生了一种紧迫性和机遇，即通过恰当建设、资源有效利用和满足关键服务需求，以创建良好运行的城市。未来的需求是清晰的：城市需要变得更加节能，并且在三大基本目标之间取得平衡：生活质量、经济竞争力和环境保护。

城市具有各种规模和形态。一些城市将从零开始被创造，而一些既有的城市将继续扩张和增长。良好的城市规划可以为决策提供框架，使城市资源得到可持续和有效的利用。所有的经验表明，良好管理和人性化设计的城市为它们的市民提供了更多的福祉。地方领导者做出的对于密度、土地利用和空间形态的决策，对能源消耗、二氧化碳排放和建筑成本有着重大影响。

在空间规划的最初阶段，整合来自基础设施和技术供应商的知识，对于最终提供恰当合理的基础设施至关重要。地方政府和企业之间的伙伴关系也是完成复杂基础设施项目的有效途径之一，而积极的私人部门对于应对城市化挑战是必不可少的。基础设施投资通常是长期的决策，而我们今天做出的选择将把我们锁定在一种格局中，并决定我们使用碳、土地和水的强度。出版《城市规划——写给城市领导者》是联合国人居署的创举，西门子对能够提供支持感到荣幸，因为我们相信可持续的城市规划是提供绿色城市基础设施的先决条件之一。

让我们将所有的城市打造成世界级城市。

罗兰·布施 博士
（Dr. Roland Busch）
西门子公司董事会成员
基建和城市部门CEO

肯尼亚，内罗毕中央商务区 ©UN-Habitat/Julius Mwelu

本书使用的术语

可达性（Accessibility）：这个通用术语描述了产品、设施、服务或者环境在何种程度上可以被尽可能多的人利用。对于一个空间或某种服务的实体接近是其含义的组成部分，也是这个概念在本书中的含义。

碳信用额（Carbon credit）：减排许可信用额（CER），在联合国气候变化框架公约（IFCCC）下清洁发展机制（CDMs）项目中通常又被称为"碳信用额"。碳信用额是允许一个国家或组织进行规定数量的碳排放的一种许可，如果许可没使用完，可以进行交易（牛津词典）。

碳汇（Carbon sequestration）：是指增加二氧化碳在森林、土壤以及其他生态系统积蓄量的过程。

公共资源与公共物品（Commons and common goods）：公共资源传统上被定义为环境要素——森林、大气、河流、渔业或者牧场——它们由所有人分享和使用。如今，公共资源在文化范畴也得以解读。这些公共资源包括文学、音乐、艺术、设计、电影、录像、电视、音频、信息、软件以及文化遗产。公共资源也包括公共物品，例如公共空间、公共教育、公共卫生以及维系我们社会运转的公共基础设施（例如电力或者水输送系统）。

连通性（Connectivity）：街道的连通性是指街道网络的密度以及连接的直接性。一个连通性好的街道网络有许多快捷连接和交叉口，并把断头路的数量减到最少。随着连通性增加，交通距离下降，路线选择和出行模式增加，目的地之间更直接的通行成为可能，这创造了一个更加畅通和富有弹性的系统。

容积率（Floor Area Ratio）：建筑容积率（FAR）、楼面面积比率（FSR）、楼面面积指数（FSI）、用地比率、地基比率，都是用来描述建筑总建筑面积与所建地块规模比率的术语。这些术语也指对这些比率的一种强制性限制。

用公式解释，容积率=某一地块上所有建筑楼层的总面积/地块面积。因此，容积率为2就表明建筑楼层总面积是所建地块总面积的两倍，这种情况在多层建筑中可以看到。容积率可以用在区划中限制特定地区的建造总量。例如，如果相关区划法规允许在一个地块建筑开发，并且必须保持0.10的容积率，那么该地块所有建筑楼层的总面积必须不超过这一地块本身面积的十分之一。容积率作为一种规划标准，应该与其他传统设计标准（限高、基底面积率、退界、建筑控制线等）共同使用来确保结果的质量。容积率仅仅只是建筑面积的一个量化。

图0.1　1hm² 上可能的建筑密度构成

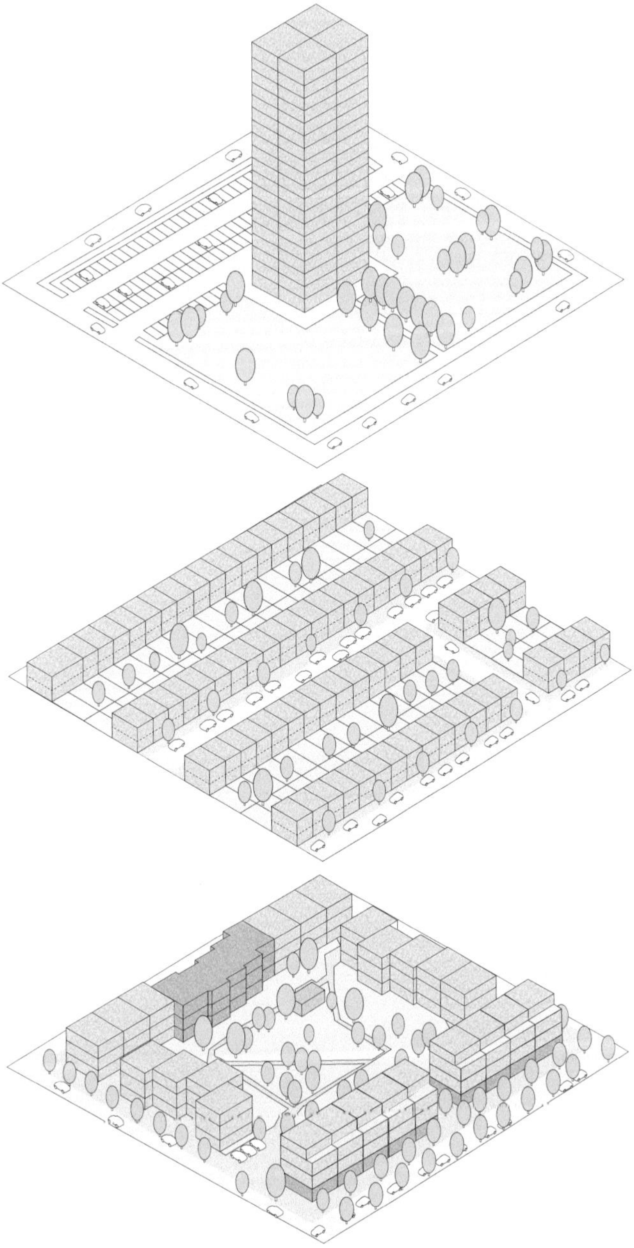

密度：75户/ hm²
建筑高度高
基底面积小

密度：75户/ hm²
建筑高度低
基底面积大

密度：75户/ hm²
建筑高度中等
基底面积中等

居住

办公和商业

公共服务设施

资料来源：Javier Mozas, Aurora Fernández Per (2006), Density: New Collective Housing

温室气体(Greenhouse gas, GHG)：根据政府间气候变化专门委员会定义，温室气体是指那些大气中自然或者人为形成（由人类活动产生的）的气体成分，它们吸收并发射特定波长的射线，其波长正符合地球表面、大气和云层产生的红外辐射光谱。这种性质导致了温室效应。水蒸气（H_2O）、二氧化碳（CO_2）、一氧化二氮（N_2O）、甲烷（CH_4）、臭氧（O_3）是地球大气层主要的温室气体。自从工业革命开始以来，石油燃料的燃烧很大程度导致了二氧化碳的增加。

非正式居住区与贫民区（Informal Settlements and Slums）：这两个术语经常互换，贫民区是指至少满足以下五个条件之一的家庭住户构成的居住区：无法获得可饮用水、无法获得清洁和卫生设施、没有足够的人均居住面积（一间房不超过三个人）、民居建筑质量和耐久性差，以及没有使用期保障。贫民区这个术语源于保障房计划，其按照特定标准规划和建造，但是随着时间流逝，这些住区遭到物理性损坏，呈现过度拥挤，并且只有低收入群体居住。[1]

对于非正式居住区并没有统一的定义。其通常是指未经规划的棚屋区，这些地区没有街道网络和基础设施，危险的棚户搭建在没有批准区划或者没有经过土地所有者同意的土地上。非正式居住区可能是指简陋小木屋、铁皮棚屋或违章搭建的住区。[2]

基础设施成本（Infrastructure costs）：
- 资本成本是配置基础设施资产相关的最初总成本。
- 运营成本是与维持和修理资产相关的成本。
- 重置成本是指在资产使用生命周期末对其进行整体替换的成本。

现代主义城市规划(Modernist urban planning)：是一种在二战后数十年流行的城市规划方法，其以单一用途分区和低密度郊区开发为特征，依赖于并不昂贵的石油能源、汽车以及对基础设施的公共投资。

韧性(Resilience)：当遭受灾害或系统性变故时，韧性是指适应变故、将功能性的组织保持在一个可接受的水平上的能力。

智能电网(Smart grid)：是指使用电脑和其他技术来收集和处理信息的电力网络，这些信息包括供给者和消费者的行为等，该电网用一种自动化的方式来提高电力生产与分配的效率、可靠性、经济性和可持续性。

补贴与交叉补贴（Subsidy and cross-subsidy）：政府以现金支付或税收减免的形

式，给予企业或个人的福利。补贴通常用以减少某些类型的负担，或出于公平原因，鼓励特定行为。交叉补贴是指商品与劳务的关税或其他价格通过一定的方式制定，在不同的消费者类别间分担不同的成本。这项福利的主要目标是通过减少价格壁垒，来增加特定的消费群体对特定服务的可获得性。

价值获取（Value capture）：通过许多不同机制（例如税收）来管理由于规划、公共投资和新服务项目的开发而带来的土地和建筑物的增值。

引　言

　　《城市规划——写给城市领导者》是由联合国人居署发起编著的，目的在于为地方领导者和决策者提供有力的工具，来支持城市规划的良好实践。本书旨在使领导者意识到城市规划可能为他们的城市带来的价值，并促进领导者、政策制定者和城市规划师在城市发展上的合作性对话。

本指南是一本内容充实的资料，给予城市领导者关于城市规划的操作性介绍，有助于帮助他们与城市规划师进行沟通，实质上并不是一本百科全书。尽管内容上很多与大城市相关，本书把首要受众定位为发展中和新兴国家快速增长的中型城市的领导者。如今正是这些城市涵括着世界城市人口的很大一部分，并且估计在今后20年20亿新增的城市居民中，中型城市需要安置最大的部分。

拥有2万~200万人口的中型城市，[3]将要为大约5%的年人口增长率留下空间，用稀缺的财政资源提供城市服务，并在规划上进行有效准备。中型城市可能经受严重压力，而这些压力有可能在全球范围内产生巨大影响。当面对远超过它们服务能力的快速人口增长时，城市无法实现有效的发展。它们需要做更好的准备来充分应对这种增长，并且以前瞻性的方式对其进行引导和管理。

图0.2 按照城市规模和区域统计的城市人口（2010年）

全球

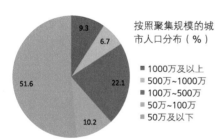

比较发达的国家

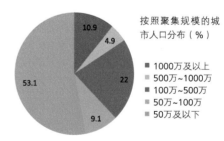

比较不发达的国家

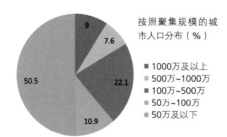

最不发达的国家

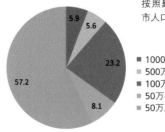

资料来源：GRHS 2011[4]

城市如何为增长做准备？

用短期谋划和被动反应的方式为城市增长做准备显然是不够的。很多例子证实，对城市化挑战有准备的城市更能有效应对。相反，城市领导者的不作为也可能错过使城市经济、社会和环境稳健增长的珍贵机会。

未雨绸缪的城市需要有远见的城市领导者。

这些高瞻远瞩的领导者能预见问题，并采取先发措施。本书主张城市领导者利用城市规划来实现：

- 放眼整个系统，提倡一种整合的、跨部门的方法，利用协同效应来实现效率。
- 预留足够规模，以便解决诸如贫民区、市郊扩张和服务不足等常见问题。
- 实施需求导向的规划，让市民和所有的利益相关者参与其中，真正产生积极的影响。

为什么需要进行规划？

该问题构成了本书的第一章节，讨论了为什么地方领导者应该把城市规划视为实现他们目标的路径之一。我们从来不缺乏城市的信息，并且有些城市已经有多项规划，然而这些规划中的一部分可能无法实施。我们亟须采用一些方法，使城市规划能够传递共同认知、期望和愿景，能够有效利用资源，并超越管理条文的限制，创造协作的、具有灵活性和响应性的，与执行紧密联系的框架。

如何规划以应对城市发展的关键挑战？

本书的第二部分围绕十个"如何"话题构建。这些话题回答了城市领导者经常面对的问题，展示了领导者可能采取的、一些有代表性的应对方法，也包含了领导者们的观点、先例和成功的故事。

表0.1　按照聚集规模的城市人口分布

年份	预测和规划的城市数量			按照聚集规模的城市人口分布（%）			预测和规划的人口（千人）		
	2000	2010	2020	2000	2010	2020	2000	2010	2020
世界									
1000万及以上	16	21	28	8.2	9.3	10.4	231624	324190	436308
500万～1000万	28	33	43	6.9	6.7	7.0	195644	233827	290456
100万～500万	305	388	467	20.6	22.1	22.0	584050	772084	917985
50万～100万	402	516	608	9.6	10.2	10.2	273483	355619	425329
50万以下	—	—	—	54.7	51.6	50.4	1552631	1800607	2106156

资料来源：GRHS 2011[5]

为什么要进行城市规划?

世界城市人口增长预测告诉我们，在2000～2050年间，为了安置增长的人口，发达国家的城市空间需要翻倍，而发展中国家的城市则将扩张至如今的326%。[6]这等同于在接下来40年内，每个月建造一座大伦敦规模的城市。地方政府将不得不应对这样的增长以及其给城市财政带来的沉重负担。他们也不得不解决由此带来的社会不平等问题，制定计划缓解环境恶化，并应对气候变化影响。

事实上，中型城市将更大程度地承接增长的人口，而匮乏的人力资源和有限的预算，将使得问题更加复杂。

地方政府的日常事务使得城市领导者很少有时间去考虑一些长期战略，而这些战略往往比选举和任命的任期，能起更久的作用。政府部门经常缺乏资源，而不能对长期变化和需要跨部门响应的复杂问题进行主动部署。领导力和指挥力对于达到预期结果是极其重要的。尽管并不存在拿来即用的、全球通行的成功法则，但却有许多经过证实的方法能够使当地的领导者通过规划他们的城市把握未来。

城市规划是城市领导者实现可持续发展的重要工具。它有助于确立中期和长期的目标，达成共同的愿景，并为此进行资源的合理配置。通过明确基础设施和服务投资，以及对保护环境和增长需求的平衡，规划能够确定大部分的市政预算。规划也在一个给定的区域中分配经济发展，实现社会目标，并构建地方政府、私人部门和广大公众的协作框架。

通常，地方领导者们把城市规划仅仅看作是描绘未来城市的图纸和意向，而没有洞见到这样的过程和决策，使之成为城市转型的支柱。

城市规划并不是一张图纸，而是创造不同的一种方式；它是一个帮助领导者把愿景转化为现实的框架，它把空间作为发展的核心资源，并让利益相关者一路参与其中。

因为本书主要关注空间相关的规划问题，所以"城市规划"、"空间规划"和"规划"这些术语在书中可以替换。

进行城市规划的十大理由

以下几点描绘了有助于城市领导者推动建设性变革的现代规划方法。

繁荣的城市要有一个发展框架

对未来的预见是有益的

城市规划帮助领导者一步步地产生影响

城市形态具有重要影响

明确的方向对城市经济产生积极影响

许多城市已经做出了重要努力来提高生活质量，促进繁荣和公平，但这些转型的影响并不会自发地实现。繁荣的城市需要有愿景，紧跟着需要一个有条不紊发展的框架。这个框架并不是为了集权命令和控制，而是每个人可以参与的，用以预见需求、协调努力、实现目标的一种工具。

对未来的预见意味着今天需要做好准备。只有走在挑战的前面，城市领导者才能在特别有利的时机发现机遇，管理风险。拥有时势的可靠信息，他们能够将长期愿景和短期行动连接起来。相反，城市如果不积极进行规划，就有可能落伍。

当地领导者被选定和任命来改善城市。考虑到城市面临的挑战往往牵涉范围广、程度不一，要立即让所有需求得到改善是不可能的。成功的城市能够抓住一些契合总体愿景的重点工程，打造发展的契机和势头。规划明确了紧急问题和可利用的资源，确保举措不会是多余的或者误入歧途。

住房、就业、通勤、安全是城市居民的核心关注点，并且与城市形态高度相关。关于密度、土地使用、公共空间、基础设施与服务布局的恰当政策，能够帮助居民以合适的价格获取良好的生活质量，这是非常重要的。设计一种空间形态来解决城市居民所关切的问题，是营造更美好城市的一种手段。

确保城市拥有大量的就业岗位是当地领导者的首要关切。城市之间相互竞争，吸引投资来带动经济活动。规划协调了空间区位和经济活动分布，并且有助于公共投资和农村土地向城镇用地转化的价值获取。

共同拥护的规划产生持久的
协调效应

更广的地域视角有助于城市
实现规模经济

连续性产生公信力

未雨绸缪比临渴掘井更具低
成本和效能

框架保证了信息的连贯

城市领导者预见到城市化中的机遇，需要团结所有可能的力量去发展这些机遇。一个共同拥护的框架给予了当地领导者一条途径：去接触市民，激励各部门，动员合作伙伴以让他们参与实现愿景，以及调动利益相关者之间的协同效应。

城市并非存在于真空之中，而与周围区域紧密联系，它们共享资源和机会。与其仅仅关注于市政边界以内，城市领导者们可以共同规划，以创造由协作产生的竞争优势。除了空间效率，这也将使它能够凭借规模经济，提升话语权。

成功的城市保证了规划在不同政治周期中的连续性，意识到一个稳定的路线图将使规划更具公信力。如果条件是可预测的，投资就会是一个长期的获益活动。空间规划减少了不确定性，它的连续性有助于为一个参与式社会创造透明的机会。

如果地方领导者报以积极的态度，他们可以推动建设性变革；未雨绸缪的领导者比临渴掘井者更能抓住问题的根源。缺乏规划的空间形态是无效率的，并且需要更多的资源来维持，而错误决策或决策失位的高昂成本很多情况下是不可逆的。

良好的沟通交流是城市的关键资产，但是连接和传达一个城市优势的机会可能会被空洞或矛盾的信息所破坏。当地方领导者展示出与共同愿景和框架相一致的实质进展（即使只是增量）时，动力和得到的支持都将会增强。

如何通过规划应对城市发展的关键挑战

城市领导者的主要责任是在发展的道路上体现和推动公共利益。在这种情况下，他（她）必须做出持续的决策来提高城市中的生活质量，并且不会对城市之外造成负面影响。

本书致力于让城市规划为城市的整体利益发挥作用——把关注的核心放在公共资源（如自然资源、气候、公共卫生和安全）的创造、保护和促进上，以及开发、提供充足的城市资产上（公共空间、基础设施、人与活动的良好混合、足够的住房等），这两者都是人们发展和商业繁荣的必须。

本书展示了在建立城市发展基础和塑造城市未来中，城市规划如何扮演关键角色。它为如何做出空间选择以培育更好的城市提供了建议，其将空间、过程和资源联系起来，说明城市规划如何与金融、立法和管理共同发挥作用。

"城市由石头、规则和人构成"

——琼·克罗斯，联合国人居署执行理事

优化城市规划
的五大障碍

不能明确核心问题

**不恰当的或过时的规划方法与
工具**

制定与实施规划的能力薄弱

**法律框架不能为规划提供有效
的牵引**

规划缺乏足够的时间

目光短浅将导致规划欠佳，而没有价值的规划是无用的。并且，规划可能并没有说清楚实施的具体步骤。领导者们所捍卫的共同愿景，是影响规划的基础，而成功的案例充分说明，愿景必须使规划能够为城市获得真正的利益。

规划在封闭的状态下仅仅由技术专家构思；规划使用的引进方法并不适用于当地情况；或者规划基于机械的、分离的评估，都与当地的文脉不相符。现代主义规划在许多情况下通常是无效的，领导者必须思考规划的相关性以及它们的实际应用。成功的经验表明，创新的、与当地文脉相符的规划方法可以在发展中国家的城市中得到创造。

城市经常缺乏足够的人力资源来制定规划并实施。通过使用其他机构，让社会团体、利益相关者参与，能够提高地方规划部门制定并实施规划的能力，这是解决问题并制定更好规划的一个关键战略。

一个健全的法律框架对于规划的实施是必不可少的，因为它规定了所有社会角色都在确定的责任义务下行事。许多在规划上取得重大成功的城市，其立法上也比较进步，这确保了规划是有法律约束力的文件，包含了对不遵守规则的居民和开发商的处罚。

规划的实施需要监管能力、可靠的制度以及低水平的贪污腐败和免责。由于政治周期、未守承诺的领导者未能评估推翻规划的长期不利后果，使得规划缺乏连续性，这是取得成功的主要障碍。适用于当地环境的规划实施方法需要在一开始就得到建立。

从一开始就思考如何实施的问题

让规划更加简单

具有战略性

明确责任，设置绩效指标

建立跨部门的团队

尽早处理法律层面问题

　　规划的系统可能是复杂、耗时费财的，并且可能出现重叠和缺口。[7]构建总体规划的努力也许要花数十年，而规划可能在其执行之前就已经过时。另一方面，规划如果忽视了制度、技术和资金的约束，可能最终被放弃。采用一种需求导向的方法，构建实用的和模块化的框架，才能使执行具有影响力。

　　运用长远的眼光，确切地、分阶段地，对真实需求作出回应，将有助于确保规划得到长久的实施。缺乏远见和不能对实际问题有效回应的规划，在政治议程改变时很容易被淘汰和忘却。决定哪些是亟待解决的关键问题，哪些是在约束和挑战下支持城市发展，需要开发的关键资产，并非易事，这需要洞察力和提出正确问题的能力。

　　如果没有明确的职责、目标以及用以实现目标的资源，就无法追溯责任。如果在一开始不确定上述内容，就会产生混乱，而责任的缺乏将使目标遥不可及。

　　变革性的项目需要全盘考虑，来克服管理瓶颈和各自为政的情况。城市提倡一体化政策和团队合作，才能确保城市发展框架和部门政策的相互支持，并且执行人员能够明白其意图。指定一个专门团队负责战略思考和协调，让部门间的合作，以及日常工作对接制度化，可能需要系统和行为变革，但这将会更加有效率。

　　由市议会批准通过的规划是有法律效力的文件。确定地方政府是否有能力落实规划，或者它是否将依赖于它与其他层级政府或私营伙伴之间协议，是必要的法律基础。

计算规划需要的资金和运营
成本，及其对财政收入的影响

尽早获得支持，增加带来积极
影响的可能性

按空间和资源分阶段实施

对整个存续期的成本进行清晰描述，应该是规划的一个关键部分。然而，与政策决定紧密相关的长期成本经常被忽视，尤其是运营和维护(O&M)成本。在一些城市，这种成本可能是严重的财政负担。规划决策及其实施也将对收入基础产生影响，需要引进健全的管理规范，才能恢复财政资源。

城市若尽早与利益相关者进行接触，可以通过了解真实需求，设定优先顺序，因此也增加了投资的影响。如果利益相关者从最开始就参与到决策中，那么提案在之后被反对是不太可能的。广泛的支持使地方政府议程和其他层级政府议程相匹配，当然也赢得了私人部门的积极参与。

纳税人的钱应该妥善管理并使用得当，这个原则同样也应该适用于规划实施。规划的财政可行性将决定如何划分规划内容的阶段，以及哪些内容需要外部资金的资助。评估结果并做必要的政策调整，才能在未来有效地扩大规划执行的规模。

如何选择最适合自己的
城市格局

　　在接下来的40年，城市人口增长的规模将是巨大的，特别是在发展中国家。如果城市领导者对城市发展的势态选择不做任何决策的话，那么这个城市将会失去可持续增长的一个重要机会。城市领导者的未雨绸缪将对城市长期的宜居性和竞争力产生积极影响。决策者若提前并在足够的规模下制定发展规划，创造与城市特征相一致的、紧凑的空间结构，才能为公众创造最大的净福利，并使负外部性最小。通过密度政策促进城市的精明增长，将会使这些目标更持久。

约旦安曼 © UN-Habitat/Thomas Stellmach

把握土地混合利用和
紧凑格局的优点

把握土地混合利用和紧凑格局的优点

连接愿景和空间结构的关键任务

1. 领导并促进形成战略愿景的过程
2. 让所有利益相关者参与进来
3. 为愿景的操作提供空间资产数据（环境、地理条件、基础设施等）
4. 拟定优先战略愿景
5. 商定每年需要达到的战略目标
6. 制定城市发展框架和预算来实现该愿景
7. 根据地方政府年度预算分配资源
8. 争取利益相关者的承诺来发展他们自己的规划，以达成该愿景
9. 设定衡量绩效的指标
10. 向社会反馈

假定人口数量不变，如果墨西哥城在目前的平均水平上增加8%的密度，那么可以释放相当于两倍纽约中央公园大小的土地总量。

塑造共同的愿景

战略愿景确定了城市未来发展的倾向。影响城市的许多问题，部分是由于在做空间决策时，缺乏总体战略规划。如果空间规划与一个整体的、合法的（得到共同拥护的）未来发展愿景连接在一起，那么空间规划将得到极大充实。成功的愿景拥有一个空间维度，反映了城市独特的文化和物质特征；它为所有利益相关者的活动提供了方向，鼓励他们团结奋斗，每个人都朝着同一个目标努力。

就城市首选的空间结构作出明智的决策

增加密度、扩展空间或加倍建设新城是应对增长的三个政策选项。为了应对城市人口增长，城市可以增加目前的人口承载能力，扩展它们的边界，创造一个有许多新城镇中心的空间体系，或者把这些方法都结合起来。应对不同文脉的决策都是独特的，这取决于人口增长预测、土地可得性、地形特征、文化因素，以及城市落实决策的能力，还包括投资和执行能力。

通过填充式开发和设定增长边界， 增加目前建成区的密度，这可能需要每隔一段时间进行调整以避免土地短缺。增加密度意味着让棕地再生，并且用新的、能够容纳更多人口的建筑替换现有的建筑。巩固建成区需要法规来保持未开发区域，控制密度下降的趋势（既包括人，也包括建筑）。[8]这种方法对于有着较强执行能力和相对稳定人口增长的城市可能是合适的。一个成功的案例就是美国波特兰的城市增长边界。

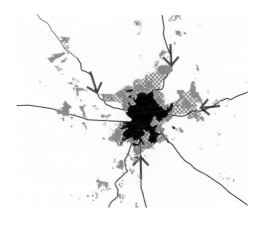

在建成区的边缘扩展城市。 每年增长快于1%~2%的城市需要确保有足够的土地来安置人口，这可能至少是目前土地面积规模的两倍。[9]城市扩张可能沿着现有的足迹，它的基础设施和交通系统可以与之进行完全的整合。扩展区域可能包括一些城市服务，其服务能力需要进行估算，也为目前居住在城市贫困区的居民提供服务。规划一个扩张的区域需要各方面的愿景和承诺。美国1811年的纽约曼哈顿地方长官计划就是一个有远见的扩展规划。

建设卫星城，形成多个节点， 可能与现状城市实体相关联。尽管它们在形态上是分离的，在管理、经济和社会上至少也是部分独立的，但是卫星城在利用协同效应和规模经济上，与中心城市可以协调配合。卫星城与郊区不同，因为它们有自己的就业和服务来源，这也避免了它们成为睡城。这种选择适用于快速增长的大型城市。中国上海1999~2020年的总体规划确定了9个卫星城，来吸纳从农村地区转移来的人口。

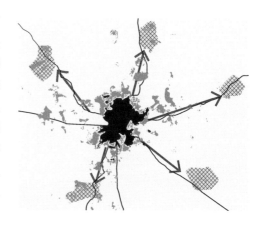

推进混合土地利用

　　土地的单一利用可能导致社会分裂。分离的、不相容的土地利用，例如污染性工业和住房是一个理性的抉择。然而，在20世纪早期，现代规划提倡单一功能利用，把居住用地从工厂、商业和社会用途中分离出来，并按同等收入群体设计居住区域。这种政策的消极面在于它阻碍了低收入群体和不同种族背景的人对城市设施的使用，从而减少了市民互动和社会整合的机会。这种类型的设计造成了经济学上的机会成本，因为它妨碍了生产活动中的协同效应和相互刺激。单一用途，连同低密度，刺激了私人交通的使用，侵蚀了公共交通网络的生存能力，进一步加剧了少数特权阶级的社会隔离。

　　允许兼容用途的共存可以带来几大好处。混合利用不是一种新的方法。它是城市群存在的理由，是汽车诞生以前城市的标准规范，先于现代规划实践出现。混合利用是指三种或更多重要的收益性使用的共同存在。[10]消除区划壁垒，实现混合兼容利用，可以产生以下的效益：

- 社会效益，使更广泛的社会阶层人口获得服务与城市便利，为不同家庭类型增加了居住选择，通过增加行人的数量增强了地方的安全。
- 经济效益，通过更多时段、更多活动的聚集，吸引潜在的消费者，增加了交易和贸易的商业潜力，也将带来营业税的增加。接近居住区的商业用途通常具有更高的房产价值，有助于提高地方税收收入。[11]
- 基础设施效益，减少了对通勤出行的总体需求，缩短了平均行程距离，同时也减少了汽车的使用。此外还使道路建设的需求最小化，减少了建设停车场所需的土地量，混合土地利用也为公共交通、步行和骑自行车提供了更广阔的基础。

　　为了支持混合利用，城市至少40%的建筑面积应该分配给经济用途，单功能区划不应该超过土地使用总量的10%～15%。

规划紧凑的格局

空间格局由密度和土地利用政策决定。这两种属性可以定义三种空间格局，其他许多类型大多是它们两两组合的结果。分散格局通常是低密度和单一土地用途；碎片格局是由许多单一用途建成区域和大片未使用区域夹杂其中构成；紧凑格局是密集的，土地用途混合。空间格局的选择决定了城市用以应对增长可能需要的土地供给量，分散格局所需土地量比紧凑格局要更多。

- **分散格局**。单一用途，低密度格局被一致认为是城市扩张。扩张是土地丰裕的发达国家在第二次世界大战之后的普遍选择，人均消费土地量更大，产生的人均基础设施投入和维护成本更高。这是因为给水和排污管线以及电线需要延伸到更远的距离，垃圾回收、治安和消防等服务需要更多的开支。分散格局中，公共交通可能无法实现，必须依靠私人交通，这需要比紧凑模式多30%的道路公共投资。[12]由于需要更长通勤时间，可能导致交通拥堵和生产效率降低。大量的土地消耗经常破坏自然栖息地，可能损坏脆弱的生态系统。单一用途政策可能导致社会碎片化，例如贫民窟和封闭社区并立就是例证。

巴西巴西利亚郊区，单一用途，低密度格局的发展模式 © Pablo Vaggione

孟加拉国达卡，规划高密度，用来预防过度拥挤造成的规模不经济 © UN Photo/Kibae Park

- **碎片格局**。碎片格局以斑块状、高密度、单一功能建成区为特征，最为典型的例子是城市郊区的低成本住宅区、购物和商业中心、商务和管理中心、工业或者娱乐区域相分离，封闭社区增加了碎片化程度。大型高速公路是这些区域间唯一可行的连接方式，导致了高昂的交通成本。在高收入国家，这些间隙空间可以做成园林绿化，但是在发展中国家，这些地方聚集了那些无法负担通勤成本的居民们和非正式住宅。这样的结果就是一个隔离的城市，它限制了不同收入群体进入城市不同区域。

- **紧凑格局**。紧凑格局是指用地密集型的、有中高密度，由于混合利用的土地政策形成的连续增长足迹，与建成区相连接。紧凑格局被认为能够提高可达性，更有效利用基础设施和城市服务，减少自然资源的侵蚀，降低企业成本并提高社会公平。紧凑模式的益处包括：

  - **更好的可达性**，减少了长距离出行需求，因此也减少了拥挤和污染；优化了交通运输系统所需的成本，提高了服务的可得性。

  - **更低的基础设施成本**以及更有效地利用城市服务，这也意味着地方政府、居民和开发商更少的开支。每单位配置和维护道路的成本，以及每单位供水和排污管道的成本更加低廉，因为在该区域中有更多的纳税人分担这些费用。[13]这也减少了维护成本，尤其是交通和垃圾回收。[14]紧凑格局增加了能源生产和分配的技术效率，如智能电网和集中供热等。

  - 紧凑的格局降低了建设用地需求，为农业、绿化用地、水和能源供应**保留了土地资源**，并降低了常规停车所需的土地总量。[15]

  - 更低的交易成本，由于距离邻近，减少了参加经济活动和达成交易的成本。例如，当一个市场靠近消费者时，交通成本就可以降低。

  - 紧凑格局有助于不同文化和社会族群的**社会意识的融合**，因此也有社会凝聚的功能。在不同区域，孩子们接受多元文化教育，这可能增强他们学习语言和从不同视角看待事物的能力，所有这些对于在全球化世界中就业都是关键的个人特质。

让密度成为关键变量

预测城市土地需求量

预测今后30年间实际的土地需求。根据预期人口增长目标和人口密度，有可能估算出应对增长所需要的土地量。土地需求需要提前20～30年预测，包括建设区域、非建设用地和开放空间。例如，马里的巴马科的人口正以每年4.45%增长，这意味着目前的180万人口到2030年将达到630万。以目前的密度，巴马科地区将会在接下来30年增加3.5倍。非建设用地通常占建设用地需求的40%～50%。[16]

土地需求依赖于密度趋势和决策。通过平均密度、人口和住房趋势（例如大住宅和小家庭就是常见的趋势）来估算土地需求。在呈现的案例（下一页）中，Kisumu的人口密度为每公顷45人（和洛杉矶类似，假定人们住在更小的房子里，则仅需要更少的建筑面积和建设土地）。把人口增长率、家庭的平均规模、平均期望的住所大小纳入考虑，就可以计算出所需要的住宅建筑面积量，并加上其他活动需要的建筑面积（如经济和服务，这可能占总建筑面积的40%），就可以得到需要的总的建筑面积。

图1.1　根据不同年增长率绘制的人口增长曲线

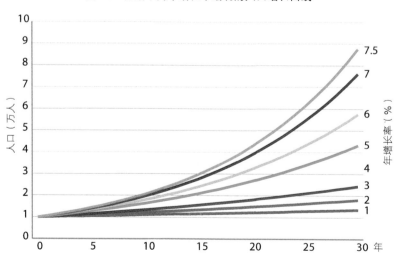

资料来源：UN-Habitat

图1.2　在城市模型中预测土地需求

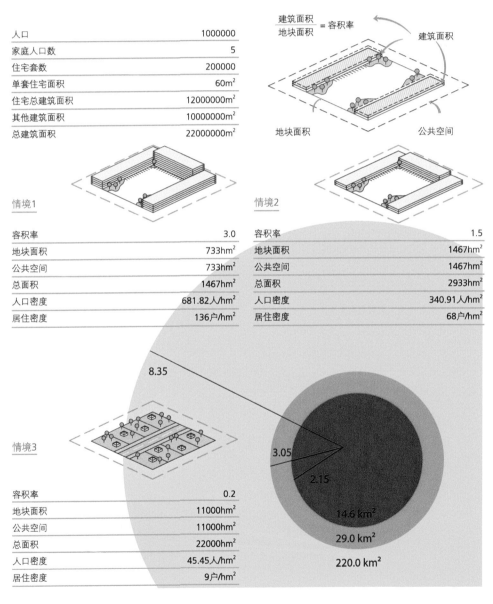

人口	1000000
家庭人口数	5
住宅套数	200000
单套住宅面积	60m²
住宅总建筑面积	12000000m²
其他建筑面积	10000000m²
总建筑面积	22000000m²

$$\frac{建筑面积}{地块面积} = 容积率$$

情境1

容积率	3.0
地块面积	733hm²
公共空间	733hm²
总面积	1467hm²
人口密度	681.82人/hm²
居住密度	136户/hm²

情境2

容积率	1.5
地块面积	1467hm²
公共空间	1467hm²
总面积	2933hm²
人口密度	340.91人/hm²
居住密度	68户/hm²

情境3

容积率	0.2
地块面积	11000hm²
公共空间	11000hm²
总面积	22000hm²
人口密度	45.45人/hm²
居住密度	9户/hm²

8.35

3.05

2.15

14.6 km²

29.0 km²

220.0 km²

资料来源：UN-Habitat/ Laura Petrella, Thomas Stellmach

突破城市现有边界是应对未来城市增长的一个关键步骤。为城市扩张做好准备意味着确定城市增长的方向，并确保这种引导要远离脆弱生态区和自然遗产区。城市扩张区域应该紧邻目前的建成区域和基础设施。构建新城市区域的范围及其关键特征（街道网格和基础设施分布）将有助于引导新的发展和投资。通过明确主要的路网，搭建该区域的结构，对于有效率的发展至关重要。城市的范围需要足够的弹性，并且需要足够大以避免用地约束。

城市一旦达到一定的人口和空间规模，聚集效益就会减少。一旦达到了700万左右的人口门槛，收入和城市规模之间的关系开始变为负数。[17]这是因为规模不经济，例如过度扩张和拥挤，可能抵消聚集优势。研究表明，人们对于出行的忍耐水平大概是每天1小时。这种"出行时间"的容忍度与交通工具的速度决定了有效空间的规模。[18]这也就解释了为什么城市的规模要保持在1小时范围内，以及为什么城市在超过一定规模后会出现机能失调。密度较高的城市可以有更大的人口增长，而低密度的城市将会更快达到它们的极限。

马里共和国首都，巴马科的低密度扩张
© Flickr/ Johanne Veilleux

土耳其，伊斯坦布尔是世界著名的大都市连绵带之一
© UN-Habitat / Thomas Stellmach

不同城市有各自的密度特征。文化因素和生活方式对可接受的密度格局有着重要的影响。在一种文化中被认为是高密度的，在另一种文化中却可能被认为是低密度。空间规划政策（例如多少土地分配给非住宅功能和开放空间）、地块规模、建筑类型以及家庭成员的数量，都决定了城市的密度。详细数据（在邻里范围内）将有助于设定密度参数，以容纳增长，配合文化和成本效益。

测量密度

人口密度描述了在给定面积内人口的数量，通常表达为每公顷人口数量（人/hm²），或者每公顷居住单位（单位/hm²）。它也可以用其他面积单位表示，如平方千米或英亩。

总密度衡量了在整个城市区域的人口和居住单位，包括非住宅用途的道路、公园和机场。

净密度衡量的是用于居住用途区域中的人口或居住单位的数量。

一个城市的密度并不是不变的，其平均值与某个特定地区或区域的密度就可能不一样。例如，美国纽约市总的平均密度是32人/hm²，但是在曼哈顿——纽约市的一个区——大约是215人/hm²。

德国的增长管理 © Flickr/ La Citta Vita

中国上海安亭新城 © Frank P. Palmer

如果密度较低，大多数城市服务的人均成本就会上升。[19]更高的人口密度降低了固体垃圾回收和处理、供水、公共卫生以及治安和消防服务的资金和运营成本。在大都市区共享基础设施的人均资金、运营和维护成本随着密度的增长而下降，这是因为分配网络更加紧凑，成本由更多的使用者承担。[20]这使得收回成本和维护更加容易。在贫困国家低密度也就意味着根本不可能提供任何服务，这就进而导

致了人们对市政当局服务城市能力的不信任。如果需提供服务的话，必须进行大量补贴。

在加拿大多伦多，152人/hm² 意味着该区域的基础设施总成本比那些密度只有66人/hm²的区域至少低40%。[21]

表1.1　案例城市的人口密度

排名	城市/城市区域	国家	人口（人）	建成区面积（km²）	密度（人/hm²）
1	达卡	孟加拉国	9196946	165.63	555.30
2	香港	中国	5179089	97.63	530.50
3	孟买	印度	16161758	370.90	435.70
4	赛伊德布尔	孟加拉国	233478	7.59	307.40
5	拉杰沙希	孟加拉国	599525	20.26	295.90
6	米兰	意大利	3708980	635.17	273.80
7	卡萨布兰卡	摩洛哥	3004505	114.31	262.80
8	开罗	埃及	13083621	569.17	229.90
9	巴库	阿塞拜疆	2067017	90.15	229.30
10	亚的斯亚贝巴	埃塞俄比亚	2510904	118.65	211.60
11	首尔	韩国	14546082	706.14	206.00
12	胡志明市	越南	4309449	210.33	204.90
13	新加坡	新加坡	4309797	245.24	175.70
14	墨西哥城	墨西哥	17224096	1058.53	162.70
15	圣地亚哥	智利	5337512	438.51	121.70
16	曼谷	泰国	9761697	1025.93	95.10
17	基加利	卢旺达	354273	45.02	78.70
18	北京	中国	11866211	1576.38	75.30
19	巴黎	法国	9519650	1482.08	64.20
20	洛杉矶	美国	13218754	3850.89	34.30

资料来源：林肯研究院

低密度形态的启示

与低密度城市空间形态有关的高成本，是由交通拥堵、噪声污染、交通事故造成的。城市化土地的大规模扩张也导致了农业、休闲和天然土地损失。随着密度的减少，人均电力需求也会增加。[22]例如，密度低于25人/hm^{2}的城市区域的人均年度交通能源消耗平均约为5.5万兆焦耳，但是在密度为100人/hm^{2}密度的地区，该数字可能降低300%。[23]

高密度格局的启示

高密度的城市有助于主干基础设施和污水处理厂以及排水管网之类达到规模经济效益。每户家庭只需承担更低的成本开支，更小的赤字负担，因而有利于财务稳定。高密度也使城市能够引入集中供热和集中制冷系统，因为它们能够服务于更多的消费者。[24]同时，由于高密度的建筑开发产生了更高的税收[25]，增强了投资服务的能力。因为在高密度区域房产价值往往最高，公共收入中的房产税也能增加，就能够覆盖公共服务的实际成本。[26]

毛里塔尼亚首都，努瓦克肖特市的低密度形态
© UN-Habitat

中国珲春市的高密度形态
© UN-Habitat/ Alessandro Scotti

图1.3 密度与街景

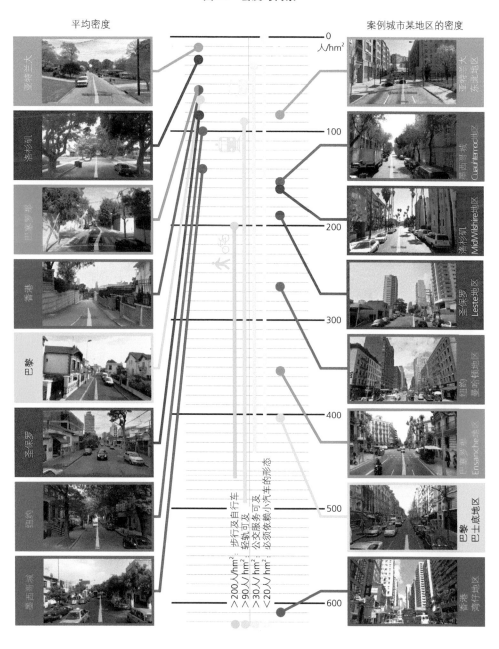

平均密度

案例城市某地区的密度

0 人/hm²

亚特兰大

亚特兰大 东北地区

100

洛杉矶

墨西哥城 Cuauhtemoc地区

巴塞罗那

200

洛杉矶 MidWilshire地区

香港

圣保罗 Leste地区

300

巴黎

纽约 曼哈顿地区

圣保罗

400

巴塞罗那 Ensanche地区

纽约

500

巴黎 巴士底地区

墨西哥城

600

香港 湾仔地区

>200人/hm²: 步行及自行车、轻轨可及
>90人/hm²: 公交服务可及
>30人/hm²
<20人/hm²: 必须依赖小汽车的形态

资料来源：作者整理自各种资料

全球的城市密度都在下降。随着人口的增长，城市密度趋向于下降——舒适的交通、廉价的燃料以及相对更高的城市用地经济产出，导致了农业和自然用地向城市用地的快速转换。低密度的城市扩张伴生资源压力增加、农田退化、服务不足和大量通勤需求。燃料价格的增长以及农业生产利润的提高，紧跟着的最近食品价格的上涨，可能会对这种趋势产生影响。由于城市必须安置未来增加的人口，维持一个最佳的密度将是一个关键挑战，这需要深思熟虑的政策。

在密度极高的地区，土地的高成本可能会增加基础设施配置的成本。这也就意味着超过一定的极限，高密度的好处将会明显减少，而过度拥挤的不利将会显现。当密度上升超过基础设施承受能力时，城市服务可能不太经济。[27]除了卫生问题，极高的密度可能导致拥堵和污染，如果没有规划，绿化空间和植被也将减少。如果不对城市增长做出提前规划，那么为新的基础设施腾出空间会是相当昂贵的。提高现有区域密度的规划，需要预见到基础设施能力及其相关维护成本的增加。

高密度区基础设施的集约利用可能会增加它的维护成本。[28]对美国247个密度为30人/hm^2左右的大城市的研究发现，公共开支最开始随着密度的增加而下降，但是之后会出现急剧的上升，其达到的公共服务平均成本超过最密集的县最小值的43%。[29]

美国的一项研究表明，在极高密度的地区的供水和排污系统的常规配置成本可能会比低密度的区域增加20%。[30]

开普敦的密集化战略

在南非开普敦，密集化被认为是促进城市宝贵自然资源、城乡环境长期可持续发展的必要步骤。综合的高密度发展由这些因素推动：

- 小企业依赖于有活力的市场；
- 支持一系列的社会服务和设施；
- 为每一个建筑单元提供更廉价的基础设施服务，例如供水、排污和供电；
- 公共交通和其他通勤方式（步行、骑自行车）的一体化；
- 整合土地利用——从直接的混合利用到不同用途合理的空间接近。

2005年拟定的省域空间发展框架支持将平均密度从10～13居住单位/hm²提高到25居住单位/hm²。考虑到开普敦每户平均为3.8～4人，该密度目标大概是100人/hm²。开普敦密集化战略确定了增加密度的几种方法：

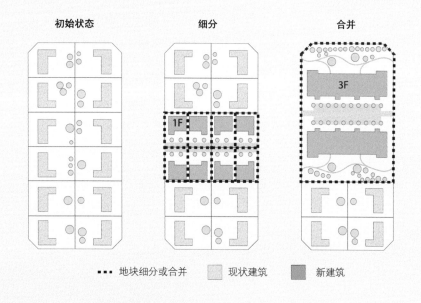

该战略表明，增加密度需要注意以下因素：

土地利用：混合利用区域（包括不同类型住宅开发）是最适合更高密度的地方。而工业为主的地区尤其不适合于更高密度住宅开发。

建筑和遗产因素：如果该区域建筑有特色价值，高密度需要确保其大小、高度和设计与现有的建筑物相适应。

基础设施：根据影响评估对公共交通进行升级改造，以适应更大的流量，现有的基础设施和服务应具有承载更大需求的能力。

社会经济因素：确保与周围本地社区的兼容性，防止对社会和环境的负面影响。

自然环境：应调整在景色优美而又脆弱的风景区的高密度开发，以免对周边的自然环境造成消极影响。

定义和强化公共空间

提前确保足够的公共空间

城市规划划定了公共与私人空间的界限。这种关键行为影响长远，并且不能被轻易改变。在一个已开发的地区创造公共空间需要复杂的征收程序，代价高昂。公共空间先于城市增长，能够获得效果，而成本更少。对公共和私人空间划定明确界限，可以解决互相侵占的问题和占据街道空间的行为。

公共空间对于私人价值的创造是重要的。公共空间的存在确保了土地和建筑物的可达性，支持了机动性。排水、排污、供水管道和电线杆等基本的服务网络，只有在公共空间才可以配置。如果没有公共空间，就不可能建设新的基础设施，如通信电缆，无法使用私有财产，而公共空间不足将会扼杀私人投资的可能性。

在成功的城市，公共空间占50%的比例是普遍的。曼哈顿、巴塞罗那和布鲁塞尔有35%的城市面积分配给街道空间，额外的15%用于其他公共用途。

规划公共空间体系

公共空间是一个成功城市的关键组成部分。对公共空间良好的设计与管理是城市的关键资产，并且对经济有着积极影响。对公共空间的投资有助于提高健康与福利；它减少了气候变化的影响；鼓励人们步行和骑车；增加了安全性，减少了对犯罪的担忧。它可以改善居住邻里、确保房产价值，对旅游者更有吸引力，并且增加了零售活动。例如，位于伦敦主要街道的商店的营业额随着周边公共空间的改善，增加了5%～15%。绿化空间增加1%可以带动平均住房价格提升0.3%～0.5%。[31]

黎巴嫩首都贝鲁特，高密度城市区域里高质量的公共空间 © UN-Habitat/ Thomas Stellmach

从良好设计的街道中受益

街道是城市的心脏。它们铸造了城市的形态，承载了城市运行所需的公共设施；它们是城市公共区域的核心，以及一个城市生活质量的关键因素。它们是人们能够行走和交流，也是商业和商品服务交换的场所。规划得好的街道可以成为一个城市的象征。法国巴黎的香榭丽舍大街、西班牙巴塞罗那的兰布拉斯大街以及中国上海的南京路都是全世界有名的大街。

街道是公共空间最重要的类型。城市土地中街道空间的份额是城市发展成功和高效运作的决定性因素。缺乏足够公共空间的城市转型更加缓慢，更难以实现现代化。许多成功重建过程的重点就在于实现新的公共空间结构。高密度的城市尤其需要公共空间和街道空间来为流通、互动和铺设基础设施提供足够的空间。

表1.2　街道密度

国家	城市	来源	用地面积（km²）	街道面积（km²）	街道总长（km）	街道密度（km/km²）	街道占用地的%
肯尼亚	内罗毕	a	696	48	4984	7.3	7
菲律宾	马尼拉	a	38.5	4	491	12.8	10
印度	孟买	a	468	47	1941	13.7	10
塞内加尔	达喀尔	b	289	28	3623	12.5	10
埃及	开罗	a	453	50	4983	11.0	11
比利时	布鲁塞尔	b	139	35	2802	20.2	25
西班牙	巴塞罗那	b	98.58	30			33
美国	曼哈顿	a	59	21	2057	34.9	36

说明：
街道密度指每平方公里土地上的街道线性总长公里数
街道占用地的%指道路总面积占总用地面积的百分比
资料来源：
（a）联合国人居署（UN-Habitat），全球城市指标数据库，2012
（b）联合国人居署（UN-Habitat），全球城市指标数据库，2013

什么造就了高品质的街道？

- 铺装道路应该足够宽以容纳所有使用者，并去除潜在的障碍物
- 在恰当的地方有足够的人行横道
- 交通不能过度繁忙
- 沿街设置公共空间
- 良好的照明设施
- 引导标识、地标和良好的视野
- 安全感
- 高标准维护
- 平滑、干净、良好的路面排水
- 没有垃圾、涂鸦或者反社会行为符号

资料来源：CABE英国建筑与建筑环境委员会（2007）：用金子铺就：良好街道设计的真正价值。获取地址：http://webarchive.nationalarchives.gov.uk/20110118095356/http://www.cabe.org.uk/files/paved-with-gold-summary.pdf。访问时间：2012.05.05

提高街道品质带来经济和环境效益

- 对于伦敦的研究表明，在街道上切实可行的改善可以使主干道上的住宅价格平均提高5.2%，零售租金平均提高4.9%。[34]
- 在环境方面，街道步行质量若有10%的改善，可以使每户家庭每年因减少对汽车的依赖而减少15千克二氧化碳排放。[35]
- "改善"是指更宽的人行道、更好的街道照明、街灯之间距离更短，更多绿化区和树荫之类的措施。当然也包括步行友好的街区长度，用途的差异化，以及便于行走的路面。

街道网络引导发展。因为25%～35%的城市发展用地可能用于道路设施[32]，路网应该是空间规划的重要部分。当规划扩张时，主干与街道网络对于引导增长是高度有效的。路网规划时，主干路之间距离不宜大于1km，并应有步行距离10分钟以内可到达的公交站点。[33]小型的街道网络确保了区块大小符合人的尺度。没有中断和断头的长距离连续街道可以保护交通顺畅，确保公共交通系统的流动性。

德国柏林，有规划的绿地系统
© UN–Habitat/ Alain Grimard

规划绿化公共空间

绿化可提高空气质量，减少热岛效应以及碳回收，有助于改善环境条件。灰尘和烟雾颗粒，尤其是机动车尾气造成的灰尘和烟雾颗粒，当它们被树木和植被收集之后，空气污染也就减少了。树木可以影响太阳辐射的程度、空气流动、湿度和空气温度，减少暴雨的危害。植被在密集的城市区域可以减少由道路和混凝土产生的城市热岛效应。

绿地规划将带来显著的成效。一些城市如果增加10%的绿化覆盖面积，用以制热和制冷的能源就能减少10%。[36]邻近绿化开放空间，常常使房产价值增值3%。[37]对美国纽约500万棵树木所提供的货币价值研究，包括树木对房产价值的影响，空气中二氧化碳量的变化，以及树荫对减少能量消耗的影响等几个方面。结论认为，每花1美元在树木上，每位居民从中的受益可以等价于5.60美元。[38]为其他部门的绿地规划做个预算，如水处理、高速公路建设、洪泛区防护和商业和工业区，可以增加其可行性。保证绿地规划的资源需要跨部门协调，让私营开发商参与，并鼓励市民和地方企业参加到区域保护中。

世界卫生组织认为，9m²是最低人均限度的绿化空间，并建议所有居民居住在离绿化空间15分钟步程距离内。

特立尼达和多巴哥共和国，西班牙港，绿化提升了环境质量以及地产价值 © UN-Habitat/ Alain Grimard

从高速公路到公共空间

首尔　清溪川

韩国 清溪川 © John Dolci

清溪川有5.8km的长度流经韩国首尔市中心。在20世纪50年代，移民潮导致了河流沿岸非正式定居点侵入，河流被当作下水道使用，严重污染，易于泛滥。1958年，清溪川被加上混凝土盖；在20世纪70年代早期，其上修建了一条16m宽的高架路，清溪川沿岸所有临时搭建的住房都被拆除。同时，这种举措被认为是韩国工业化和现代化的成功案例。然而，到了20世纪80年代末，这条拥挤的高速路逐渐被认为是导致空气质量差和环境退化的原因。此外，清溪川就像一条城市隔断线，把高速路南边充满活力的区域与北边落后缺乏竞争力的区域隔离开来。

2003年，在时任首尔市长，后任韩国总统的李明博领导下，首尔大都市政府决定拆除高速公路，恢复河流。清溪川城区更新工程同时也被认为是解决环境、交通、公共空间和经济发展问题的契机。

解决方案

市政当局相信，消除首尔核心区的拥堵、污染和环境退化的根源，并为商业、金融和其他服务行业的经济活动提供空间，将会改变中央商务区土地价值下降的趋势。

由于清溪川几乎干涸，净化河水需要新建泵站从汉江引水。为了解决公共空间匮乏的问题，工程修建了一个400hm²左右的公园带，几乎是英国伦敦海德公园的3倍大小。

修建行人步道网络，连接河两岸附近的文化设施。历史桥梁Gwanggyo桥和Supyogyo桥得到了修复，传统文化活动，例如元宵节和Supyogyo桥踏桥活动正在恢复。工程项目开始于2003年6月，完成于2005年10月，成本为3.67亿美元，预计将产生35亿美元的社会效益。

首尔市政府建立了几个任务明确、责任清晰的机构，包括负责整个项目管理和协调的清溪川复原项目总部；负责城区更新规划编制的清溪川复原研究团队；以及负责解决首尔市政府和当地工商业协会之间冲突的清溪川复原市民委员会，并负责处理小规模商业的搬迁和城市绅士化问题。为了解决建设期间的交通问题，清溪川复原项目总部在受影响的区域制定了专门的交通管治措施，并根据负责城市更新的机构的建议，协调改变交通系统。

结果

如今的清溪川是一个热闹的公共休闲空间，深受居民和游客的喜爱。在竣工后的三年中，有7000万人访问。清溪川走廊地带的企业和就业机会数量增加，房产价格的增长率也是该市其他地方的两倍。

首尔周围的交通有了改善，每天减少了17万辆机动车流量；地铁和公共汽车的使用者分别增加了4.3%和1.4%；并创造了许多步行路线。尽管最开始担心破坏交通，2008年测得的首尔中心的机动车总体速度比高速路拆除前的2002年有了明显的提高。

空气质量也有所改善，空气中每立方米的细微颗粒从74微克下降到了48微克。由于交通量的减少，且依傍河水，该区域的温度下降了5℃。并且由于高架道路的拆除，平均风速增加了50%，这有助于热量散去。河流有助于提高首尔的防灾能力，因为河流比下水道能更好地应对泛滥。环境条件的改善使生物种类总体数量明显增长，包括植被、鱼类、鸟类，从少于100种增长到了差不多800种。

清溪川对于首尔中心区更广泛的复兴是一个催化剂。河流南区和北区受益于高架道路的拆除，连通性增强。广受欢迎的公共空间成为娱乐和文化活动的目的地，升级后的该地区已经成为进行新经济活动的理想位置。

如何提高可达性，并避免交通拥堵

　　人们从他们家中到他们工作场所、商店、学校和健康中心的移动能力是城市良好运行的关键。可达性——到达这些地方的容易程度——影响家庭收入和居住区位选择。提高可达性，首先必须承认其目的是使人的移动更加便利，而不是使机动车移动更加便利。通过结合空间规划和交通政策，当地政府可以减少人们对出行的需求；通过经济的、有效率的公共交通选择，能够改善出行条件；还应当管理好交通的供给和需求来控制拥堵。因为拥堵是生产力的巨大阻碍，也是令市民头痛的事情。

通过邻近减少对出行的需要

把土地利用和交通规划联系起来

空间和交通规划是紧密相关的。交通决定了一个城市的空间格局，城市交通网络的发展在长期内塑造了城市。如果从一开始就将交通投资与空间规划联系起来，则这些投资会取得更好的效果。例如，综合交通站点是房地产开发和经济活动的重点，它们增加了公共交通能够服务的人口，减少了土地消耗。好的规划决策是将人们安置在离交通枢纽近的地方；类似地，将人口紧邻活动安置也是很好的。两种方法对城市交通都有积极影响。使用者的聚集效应（例如，超过50人/hm²）对于公共交通服务达到规模经济是至关重要的。土地混合利用政策可以减少居住与就业区域的距离，同时减少了对汽车的依赖和出行需求。

空间格局影响出行需求。分散格局导致了每一件事情都得出行（例如去办公室或者超市），然而在紧凑格局中，几件事情可以在一次出行中完成。公共交通站点周围的密度和混合利用可以增加公共交通的使用量和公交系统的生存能力。例如，中国香港中心区的高密度使得85%的出行由公共交通构成[39]，但是在密度低于35人/hm²的地方，公共交通出行只占总体的10%。不同的密度支撑了不同服务水平的公共交通：基本的公共汽车服务需要的密度大概是35~40人/hm²；中等公交服务的实行需要50人/hm²的密度[40]；轻轨运输在密度为90~120人/hm²的地方才可行。[41]距起点的距离是交通需求的关键因素，英国的一项研究表明，在密度为150人/hm²时，超过80%的人会选择步行或者自行车服务。[42]

把工作地点和交通需求联系起来，提高了土地效率。如果经济活动不聚集在交通枢纽和发展走廊的话，停车需求就很大。[44]如果在良好区位建设停车场，就阻碍了土地用于更有经济产能的活动。在美国休斯敦中心，用于停车的土地超过了土地面积的50%。[45]在亚特兰大，1990~1998年间创造的就业机会只有1%是在交通枢纽800m之内的，77%的就业机会是在交通网络之外的。[46]

在中国香港的中心区，85%的出行是由公共交通承担的 © Foter

图2.1　每日出行量与人口密度的关系（美国，1990年）

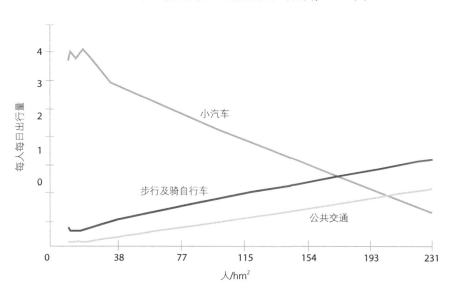

资料来源：Dunphy RT and Fisher K (1996) [43]

美国亚特兰大的停车位
©Daniel Goldin

加利福尼亚州Walnut Creek市，交通站点周边的
公共空间及混合用途发展模式 ©Sam Newberg

利用空间规划减少对出行的需求

在公共交通枢纽附近布置紧凑格局有许多好处。交通枢纽周边聚集了公共空间、健康设施、购物空间和社区设施聚集。大多数居住区分布在交通枢纽800m范围内；设计用以步行和骑行的街道，有交通减速带、自行车道和精心设计的人行道；停车场得以最小化。以公共交通为导向的开发（TODs）平均密度为60人/hm²以上，集合了办公、零售和居住用途，用途的混合因区位不同而不同。TODs增加了对公共交通的使用，提高了工作的可达性，减少了每个工人家庭的通勤时间。[47]TOD可以减少一半的人均汽车使用次数，由于减少汽车相关的开支，节约了20%的家庭收入。[48]

沿公共交通枢纽之间廊道开发。沿着走廊的高密度开发增加了公共交通系统的可行性。铁路在它的站点周围尤其具有密度引导效应，它是把分散的人们连接起来的杠杆。在亚特兰大，Belt线长35km，以铁路为基础的走廊开发可以形成5600单位的经济住宅，以及526hm²的新公园。[49]区域城市走廊正在经历快速的城市转变。[50]例如，印度德里—孟买工业走廊是一个150km宽，1500km长的走廊，有多模式、高速运输通道为其服务，集合了9大工业区，三个港口和六个机场，超过印度的七个邦。[51]

图2.2　以公共交通为导向的开发

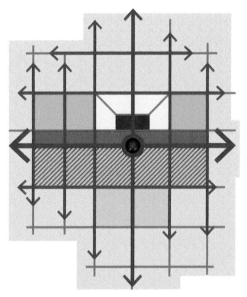

● 公共交通枢纽
▨ 商业与高密度居住用地
▓ 办公与零售中心
▒ 高密度居住用地
░ 居住用地
■ 公共设施
　 绿地

资料来源：Calthorpe, 1993

规划一个连接良好的路网

连接良好的网格支持公共交通，减少拥堵。在城市区域扩张中，规划需要制定一个路网，包括主干道和次级道路，并且通过十字路口进行有效连接。干道之间间距约为1~1.5km，次级道路和支路在其间将它们连接起来。网格应该用多种可选择的路线将起点和终点连接起来，避免尽端路。每100m一个交叉点形成一个更小的网格，对行人也是友好的。在建成区，增加连通性的项目能够减少拥堵，也能够增加该区域的经济活力。用扩张和合理化城市公共空间来支撑通勤、可达性和街道活力，是对新建的和现有的城市区域的关键干预举措。

修建更宽的道路不是解决拥堵的办法。实际上，修建更宽的道路可能会形成更多的拥堵。[52]正如在加拿大、澳大利亚、日本超过100个地点开展的研究表明，当汽车的道路空间减少时，交通量缩小，司机会改变他们的路线。随着道路空间减小，这些地点有14%~25%的交通流量下降，并且那里的辅助计划让公共交通更有吸引力，人们更愿意使用公共交通。[53]

评估街道的连通性

联合国人居署街道连通性复合指数（CSCI）可以用来评估对于所有使用者，街道网络能否满足机动性，预测对交通拥堵的反应，提高步行和骑车的条件。它已经在不同城市得到测试，既包括发达国家，也包括发展中国家，是一种基于地理空间信息的有效测量工具。

资料来源：联合国人居署，《全球城市观察，2012》，《街道连通性，为所有使用者提升街道，2013》

建更宽的路可能带来更多拥堵。旧金山的交通拥堵情况 © Young man Blog

良好的交叉口情况，而非更宽的道路，使路网更有效率。在城市区域扩张过程中，需要规划出好的交叉点，使主干道与次干道能够很好地连接。主干道大多数拥堵情况是由十字路口的交通流量限制导致的，而不是因为当地街道截面宽度。[54]如果从A点到B点之间有多个交叉点和多种路线，道路的良好连通性就得到了保障。尽端路、丁字路口以及公共道路的私有化（经常由于安保原因）都会形成拥堵，降低通行性。

街道设计提高了邻里的社会生活品质。一个适宜人类的尺度并不是对交通流量的阻碍，反而过宽的街道会形成步行障碍。例如，当地的街道宽度超过两条道，就容易阻碍人们的通过。一项研究表明，交通清闲街道上的居民，他们认识熟人的平均数是交通繁忙街道上居民的两倍。[55]街道优先考虑行人和自行车，是安全友好的，有助于构建团结的邻里社区。

交通减速是提升街道景观的有效方法。街道可以进行重新设计来减慢交通速度，如使用迂回路线、减速带、曲线延伸、增加交叉点以及收窄道路。通过安装街道设施、拓宽人行路面以及树木种植，可以提升街道环境，其效益包括增加街道吸引力，便于社会互动，增加安全，减少噪声和污染，以及减少热岛效应。交通减速措施可以用于街道，也可以用于干道，例如减少车道的数量。在纽约市，百老汇大街的重新设计减少了车道，扩大了人行道路，并加入了自行车道。这种新公共空间吸引了更多的人流量，减少了自行车和行人受伤，并使交通条件也有了略微的改善。

美国弗吉尼亚州Fair县，Tysan交叉口的重新设计
© Gerrit Knapp

小汽车限行区是有活力和吸引力的城市区域，如果公共交通可以到达，并且这里有恰当的土地混合利用以及密度。小汽车限行也可以是临时的，可以为街市提供良好的场所。限制车辆进入的措施很难被商业和其他商务所接受，然而却已经得到证明，这增加了营业收入和房产价值。

根据布雷斯悖论，在一个由移动主体自主选择路线的网络中，如果增加路网额外的通行能力，在一定情况下可能减少整体的绩效。[56]

步行区的成功案例

在20世纪80年代，德国纽伦堡市中心大部分都实现了步行化，不仅该地区的交通量明显下降，而且整个城市的交通量也下降了接近5%。[57]美国洛杉矶圣塔莫尼卡第三步行街道是在一个以汽车为中心的城市中，一个成功的步行街区域。拥有15.6万人口的摩洛哥老菲斯街可能是世界上服务人口最多的小汽车完全限行区。案例表明，这些步行街区都是功能齐全的城市区域。

老菲斯是一个人口密度大、经济活跃的小汽车限行区 © Manfred Schweda

美国纽约时代广场，最近成为步行区域 © Silke Schilling

公共交通优先

了解交通选择的原因

在许多国家，只有很少一部分人能够购买得起汽车。比如在肯尼亚内罗毕，有两百万居民，但是只有30万辆登记的汽车（每7人有1辆）。如果没有有效的和可负担的公共交通系统，大多数人口不能够通勤，或者不得不花费收入中的大部分在交通上。若在交通规划决策中照顾私家车，例如对集体交通施加限制，或者不提供足够的通勤站点等，将增加社会不平等和贫困。

私家车拥有量增长的趋势有可能给城市交通系统增加额外负担。在许多城市，私家车拥有量因人口增长和经济条件的改善呈指数增长。如果没有足够的公共交通体系替代，以及良好的规划决策提高连通性和接近度，那么拥堵、污染和能源消耗也将呈指数增长。

依赖汽车，并以此作为主要交通形式有一些负面影响。汽车为私人选择提供了便利，但是这种好处是以消耗更多的土地修建道路和停车场为基础的。汽车的土地消耗和基础设施成本是城市预算的重要部分，这种成本由驾驶者和非驾驶者大量补贴。以汽车为中心的城市更加拥堵，由尾气、烟雾和其他污染物导致的公共健康成本更高，还包括其造成的静态生活方式导致的公共健康成本。城市的汽车越多，就容易导致更多的交通事故，这产生了大量的生命财产损失。同时汽车也损害了街道和社区生活质量。

拥堵的成本

在许多大城市，拥堵成本占本地生产总值显著的比例（如阿根廷布宜诺斯艾利斯为3.4%；墨西哥的墨西哥城为2.6%），大约90%的成本来自驾驶者时间损耗的价值，7%来自燃料消耗，3%来自尾气排放。[58]除了压力和身心疲劳，拥堵导致的呼吸系统疾病，甚至引起了更多早亡。拥堵也使绿化区退化，减少了绿地碳回收的数量。

在墨西哥城，交通拥堵给空气质量带来严重的威胁
© Fidel Gonzalez

公共交通可以高效地把大量的人运送到他们的目的地。它是单位旅客空间集约的运输方式，可以释放大量原来作为停车场的土地。公共汽车对空间结构的适应性大，仅需很少的基础设施投资，但通常比小汽车慢。快速公交系统（BRT）也是解决方式之一，它在道路中间设置公交专用道，有更高的载客能力。轻轨和地铁系统需要更多的基础设施投资，但非常可靠并且具有很高的运输能力。轨道交通引起站点周围更密集的土地开发，并且如果轨道交通由电力驱动的话，可以达到零排放。在巴西的库里蒂巴和哥伦比亚的波哥大进行了前期实验之后，快速公交系统在全世界数百座城市得到了应用，在各大洲都能与当地的环境相适应。

图2.3　快速公交系统（BRT）高峰负荷（2009年）

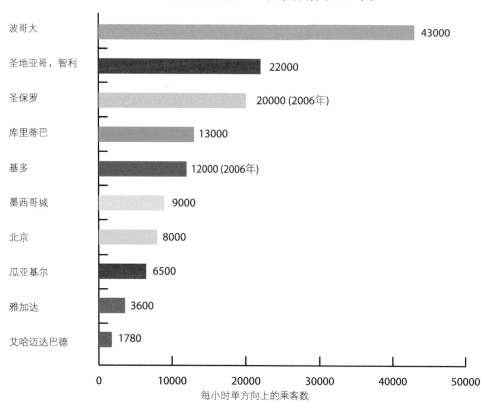

资料来源：EMBARO/ World Resources Institute

步行和自行车出行是对公共交通网络的补充。如果污染程度可以接受的话，步行非常经济，且对健康有积极影响。每天合适的步行距离大概是800m。[59]在城市设计中，对于一些服务，如银行和商店，最大距离为2km是比较理想的。[60]专门设计的自行车道或者拓宽的人行道路能保证骑车者的安全，并且设置停车点防止盗窃，都能使他们受益。自行车共享计划在许多城市取得了成功；例如，在法国巴黎，有15万人每天使用自行车系统，自行车出行的距离达到25km。

表2.1 公共交通模式

	投资要求	运量	速度	运行时间的稳定性	环境影响
公共汽车	低	中	慢	低	高
快速公交系统	中	高	快	高	中
轻轨	高	高	快	高	非常低
地铁	非常高	非常高	非常快	非常高	非常低

资料来源：作者

法国巴黎"Velib"自行车自助计划非常成功
© PPS

哥伦比亚波哥大快速公交系统
© Flickr/ EMBARQ Brasil

通过空间规划实现公共交通优先

空间规划决定了公共交通的速度。速度、可靠性、便利性和运行小时数是公共交通系统成功的关键因素。出行者将选择价格合理、通勤时间最短的交通类型。旅行时间取决于公共交通运行的路权类型（专有路权是指在空间规划中保留的，用以交通建设的土地）。标准越高，效果越好，而相关的成本也越大。

表2.2 不同交通系统的运量与建设成本

交通基础设施	运量（人次/小时/日）	成本（美元/km）	成本/运量
两车道高速路	2000	1000万~2000万	5000 ~ 10000
车行城市路(仅用于小汽车)	800	2000万~5000万	2500 ~ 7000
自行车道（2m宽）	3500	100000	30
2m宽步行道	4500	100000	20
通勤（城郊）铁路	20000 ~ 40000	4000万~8000万	2000
地铁	20000 ~ 70000	4000万~35000万	2000 ~ 5000
轻轨	10000 ~ 30000	1000万~2500万	800 ~ 1000
快速公交系统	5000 ~ 40000	100万~1000万	200 ~ 250
公交车道	10000	100万~500万	300 ~ 500

资料来源：Rode and Gipp (2001), VTPI(2009), Wright(2002), Brillon(1994), UNEP[61]

塞内加尔达喀尔，私人运营的公共机汽车
© UN-Habitat/ Laura Petrella

韩国首尔，轻轨在专有路权的线路上行驶
© UN-Habitat/ Kibae Park

表2.3 车的路权

路权类型	与其他交通模式分离	交叉口	成本	速度	例子
专有	完全分离	完全分离	高	高	地铁、轻轨
半专有	部分分离	平交	中	中	快速公交系统、轻轨
普通道路运行	与一般交通类型混合	平交	低	比私人小汽车慢	公共汽车

资料来源：Vuchic[62], Walker

近的、便利的换乘是必要的。从起点到交通站点的便利距离不应超过800m。换乘枢纽站通过支线运输服务连接了不同类型的交通方式和主要的路线，能够实现不同运输模式之间的无缝连接。交通节点可以形成经济活跃区和房产开发的高潜力区域。联运站周边和车站建筑本身都是多用途商业、办公和住宅开发的最佳场所，这使得车站建设在成本方面可行。联运站也可能是正式和非正式交通方式运营交汇的地点，为防止道路阻塞和服务延迟，车站需要为非正式交通运营提供空间。

德国斯图加特，城市有轨电车可以装载自行车
© City of Stuttgart

西班牙巴塞罗那，行人、自行车与地铁的衔接
© UN-Habitat

提高价格承受力，促进非正式网络的整合

公共交通常常需要补贴来使价格实惠。公共交通的价格是变化的：随着价格上涨，需求就减少。为了保持较高的需求，让贫困人群也能使用公共交通，可以通过不同形式的补贴。补贴运营成本或票价是两种最常见的方式。对使用者的直接转移支付甚至更加有效。在智利，40%的人口在2004年石油价格上涨后从直接支付的补贴中受益，而不是通过票价补贴。在美国洛杉矶，补贴覆盖了公交和铁路平均运营成本的50%~80%。[63]

整合非正式交通运营对正规系统有好处。非正式运营是一种与当地情况适应的重要服务。在那些因市政资源缺乏而导致服务质量下降、票价高昂的地方，非正式运营提供了经济上可负担的服务。非正式接驳主要针对城市偏远扩张区的居民，需尽可能地把他们与正规系统连接起来。例如，如果将非正式交通网络整合进整体的交通规划，他们可以作为快速公交或者地铁线路的支线系统。因为换乘枢纽往往也是非正式交通运营的场所，站点地区需要更合理设计，为上下客设计出配套的、界限分明的空间，以减少交通阻塞。与其禁止非正式交通运营，地方政府可以设置激励和规定来利用它们可能带来的好处，同时减少其消极因素，如道路安全和污染。

智利，接受补贴的公交线路
© LaTejuela

卢旺达基加利，常规的摩托出租车
© UN-Habitat/ Tomas Stellmach

对有效交通选择的直接需求

管理汽车需求

道路收费、停车管理和交通政策试图降低汽车需求。道路收费政策已在新加坡、伦敦、斯德哥尔摩实施，要求司机支付进入城市中心或使用专用车道的费用。停放管理具有在区域范围调整需求的潜力，尽管它实施起来相对容易，但是却很少使用。限量政策通过在高峰时段限制汽车牌照号特定尾号的通行来减少车辆，这在哥伦比亚的波哥大、玻利维亚的拉巴斯、智利的圣地亚哥、巴西的圣保罗和厄瓜多尔的基多都有所实施。

通过管理，优化现有设施的效率

交通运营可以改善供给。例如，双向通行车道和可移动的中间护栏增加了高峰期通行能力，使现有道路系统更加有效率。用交通警察到场管理或红绿灯来管理十字路口，可以减少堵塞，增加流动性和安全。在关键十字路口促进或者限制交通转弯，以及增加转角半径可以使大型机动车行动更加便利。单向行驶街道、改善照明和路标是其他有用的措施。与增加道路能力的工程相比，改善这些设施相对更快，成本更低。

新加坡，1975年首次引入道路收费政策
© Wikipedia

巴西里约热内卢，Copacabana海滩周边，在每天不同时段采取不同交通管制措施 © Fickr/ Brian Snelson

表2.4　供求管理措施

措施类型	方式	具体措施
由需求出发	空间规划	路权和路网规划 混合用地 换乘枢纽 停车及骑行设施
	利用电信技术替代	远程工作
	给出行者的信息服务	行前信息
	价格手段	拥堵收费 停车收费 公共交通鼓励措施
	行政手段	停车管理 交通规章 机动车注册
由供给出发	道路交通运营	交通管理体系 信号改善措施 事故管理
	倾向性措施	公交车和高占用率的车道 自行车和行人基础设施
	公共交通运营	使换乘更容易 时刻表优化 票价协调
	运量协调	满载和空载管理

资料来源：由OECD报告整理[64]

土耳其伊斯坦布尔的交通警察
© Frickr/ Scott James Remnant

肯尼亚内罗毕的中央商务区，名为"Mama Ngina街"的单行道 © UN–Habitat/ Cecilia Andersson

土地利用作为交通规划的推手

巴西　库里蒂巴

巴西库里蒂巴 © flickr/Thomas Locke Hobbs

　　库里蒂巴有名的快速交通系统是有远见的、空间和交通规划整合的产物，有效缓解了城市增长的压力。整合方法的结果是一个高效的交通系统，它成为该城市的组成部分，也成为大多数人出行的优先选择。

　　库里蒂巴的快速交通系统并不是一夜之间建成的，也不是孤立于城市规划其他方面的。1966年的总体规划，整合了土地利用和公共交通规划，一直由几个不同的地方政府机构跟进，并受到库里蒂巴城市规划与研究院（IPPUC）的监督。

解决方案

1966年规划最突出的提议是把增长从城市的核心沿放射、直线格局向外安排，通过结构轴线来集中经济活动。为了引导沿着这些轴线增长，地方政府制定了详细的土地利用和分区规划。无论是政府希望保护的土地，还是希望开发的土地，都附有开发权转让规则。此外鼓励沿着结构轴线更高密度的商业和住宅开发，以形成经济密度和用户基数，使交通系统做到资金可持续。市政当局最开始获得了土地，并沿着战略轴线保留了交通建设优先权。这包括三条平行线路：两个外侧车道供本地通行和停车，中间车道仅供公交使用。

库里蒂巴的快速公交时间是普通公交系统的2/3，主要归功于专用车道、车下支付、铰接客车的大运力，以及让车辆快速进出的站台设计。这些站台设计成圆柱形的无围墙平台，提高了效率，可以同时上下乘客，包括使用轮椅的乘客。

该系统由巴西城市部门管理，虽然这是一个地方政府机关，但是由10家私营公司为其服务。他们根据运行里程得到报酬，而不是根据运载的乘客数量，这有助于公交路线的平衡分布，消除了之前的恶性竞争所造成的，一方面使干道堵塞，另一方面却导致了城市其他地方的服务不足。所有这10家汽车公司都获得了经营利润，车队的平均年龄为五年多一点点。

在整个系统中旅行，乘客支付单一票价，可以无限换乘。库里蒂巴快速公交系统的建设成本为每公里300万美元，它比轻轨系统（成本为800万~1200万美元/km）或者地铁（5000万~1亿美元/km）更加实惠。

结果

尽管今天的库里蒂巴没能避免由私家车数量增长带来的压力，如污染、扩张等城市增长中常见的问题，但是土地利用与交通规划的紧密结合，以及政策连续性对城市结构产生了积极影响。

由于住宅、服务设施和工作中心沿着轴线发展，与交通体系连接，家、工作和学校之间的距离就缩短了。服务几乎覆盖了城市90%的地区，车站的位置离大多数人居住的地方不超过500m。

该系统每天运送200万人，大约70%的库里蒂巴的出行者日常使用公共交通上下班。和普通公交服务相比，这种公交承载能力更大，通行时间更短，能源消耗将减少50%。该公交使用的是一种专门燃料，由柴油、酒精和大豆添加物构成，污染更少，减少了43%的颗粒物排放。

结果，库里蒂巴从1960年的36.1万人增长到2007年的180万人，成功实现了中心地区交通拥堵最小化以及向外围地区的扩展。

如何提供基础设施和关键服务

　　城市需要基础设施来维持运行。基础设施提高了城市的生活品质，促进了经济增长，而基础设施不足和不佳会减少经济产出，严重影响生活条件。水、能源和垃圾管理等基本基础设施供应是城市繁荣的根本，并且是快速发展的城市的迫切需求。它要求持续不断的长期投资来弥补资金和维护成本，这不能仅仅依靠市政当局。城市规划是基础设施布局的中心环节，基础设施布局是城市形态的首要影响因素。在城市规划中整合基础设施，是实现投资和资产绩效最优化的关键。

通过基础设施整合的方法
推进城市化

通过基础设施建立城市的根本

基础设施决定了城市的福利和经济活动。尽管一些基础设施的服务范围不在地方政府管辖范围内，但影响大多数人生活的基础设施是由市政当局或他们的合作伙伴提供的。在发展中国家，城市化是国家经济增长的主要推动力。持续的增长需要找到新的、补充的方法来为基础设施融资，并增加它的效能，从而对私人投资和生活水平继续产生积极影响。

基础设施是城市化的关键步骤。一旦确定了一个扩展区域，确定了公共空间和街道空间，基础设施就要为城市功能布局准备土地，引导发展，形成投资的良性循环。提供基础设施是唯一最重要的公共投资行为，需要在以下几个方面进行精心规划：

- 服务标准和技术选择，包括可承担性、成本回收，以及升级与扩展的可能性；
- 投资阶段，决定投资数量和项目地点。

资本成本必须可承受，且需要考虑成本回收。当基础设施建好以后，这些投资直接使土地私有者受益，其土地价值和经济潜能将增加。基础设施对私人和公共财富创造是基本的，因此在许多情况下，地区基础设施的全部成本向所有者收取。这种收费甚至可以覆盖主要和其他的公共投资。然而，也需要考虑低收入群体的经济承受能力，以及他们对土地的需求。在一些城市，交叉补贴对于跨区域具有不同收益的投资成本回收起了很好的作用。分阶段建设和改善基础设施、选择合适的标准和技术是投资可承担的关键。

运营成本对于最终用户必须是可承担的，对于供给者是可行的。收费不足对住户可能有消极后果——他们必须应对服务不足和获取困难——对供应方也是，它们可能不能够对服务维护进行投资。缴纳费用是社会和政治敏感的事务，但如果使支付的益处超出不支付的益处，人们还是愿意积极响应的。可承担性也可能取决

南非开普敦，建设中的道路
© Flick/ Warrenski

于收费如何计算，如果费用按每使用单位收取，不包括最小的消费量和网路铺设成本，则更易于接受。以社区为基础进行收费更有效，但是他们需要真正公正的社区管理和所有权。

什么是可承受的？

世界卫生组织认为，每个月的水费超过家庭收入或者开支的**5%**，就是不可承受的，这种可承受性的极限是：水、电力和燃气费总和达到家庭月收入的**15%**。

通过空间规划提高基础设施的效率

空间规划通过清楚地确定服务范围，选择何种技术以及时间，使基础设施投资更明确。并不是所有的位置和布局都可以支持所有的技术选项，也并不是所有的投资可以同时进行。整合了基础设施用地储备、技术成本和成本回收的规划，可以更好和更快地缩小规划与实施的差距。通常认为，技术可以克服任何自然约束。然而，当空间布局不合理，或者顺序错误时，成本可能就会上升，这可能导致市政资源的巨大浪费。在早期阶段与技术供应方保持联络，可以对基础设施规划提供一个有价值的现实审视。

匈牙利布达佩斯，基础设施是城市增长的刺激因素
© Akil Sokoli

巴西乌贝兰迪亚，新住宅中的道路
© UN-Habitat/ Alessandro Scotti

基础设施规划实施的顺序：

1. 标定公共空间，包括路网用地预留，其占总用地的30%；
2. 在道路范围内建立基本的排水系统；
3. 在道路范围内建立供水网络；
4. 公共卫生网络和污水回收模式；
5. 在道路范围内建立电力网络；
6. 街道铺设与改善；
7. 铺设通信电缆。

资料来源：UN-Habitat

基础设施资金成本如何与空间规划相关

干线基础设施的资本成本可以分成两个组成部分：

• 配送网络（水配送总管网络和污水干渠）；

• 与管网相连接的中央设施（水处理厂、水源地、污水处理厂）。

基础设施配送网络的成本与三个因素有关：需求量决定了系统能力；需要服务的城市区域范围；以及覆盖尽端到中央设施的距离。总需求量量直接取决于服务的总人口，后面的两个因素与空间规划直接有关。密度越低，排污或供水系统必须服务和穿过的区域也就越大。更高的密度减少了网络的覆盖范围和管道总长度。中央设施的位置往往与确定因素相关联，例如水源的位置就可能在城市区域以外。到中央设施距离越长，成本越高。水源位于相对上游，污水处理位于下游，可提供更有效率的服务。

哥伦比亚麦德林，排水基础设施极大改善了坡地地区的生活条件 © UN-Habitat/ Laura Petrella

利用分散的基础设施向边缘地区提供服务。集中的、供给驱动的系统生产设施巨大，配送系统跨越距离远，需要花费数年进行规划安装，并需要大量投资。邻里社区甚至单体层面的小规模系统，可向离网区域提供服务，并且减少了对主体基础设施系统的依赖和所造成的负担。如果城市化速度超过了集中式方法所能提供的增长速度，主体基础设施系统很快就会接近它们的额定服务能力。分散型的基础设施能补充解决这个问题，但需要技术创新和整体规划方法支撑。

空间规划有助于部门协调。对于城市的一个关键挑战是在部门之间建立实际的协同，如供水、垃圾、交通、能源和通信部门，因为他们经常是独立运作的。尽管每个部门可能在各自的领域产生合意的效果，但是变革性的影响需要跨部门互动。由于空间规划为各部门提供了共同的空间参考，可以成为提高整合程度的杠杆。例如，对水利用效率的投资可以促使节能，对垃圾管理的投资可以生产能源，降低健康成本。

多部门协作项目可以有良好成本效益，节省时间，并对居民区的破坏最小化。例如城市可以考虑将道路、供水、排污和防涝设施进行统一建设。一条服务走廊上地下设施和道路建设的同时布局是许多城市的典型做法，这种方式在建设、机械租赁、维修便利方面能达到规模经济效益，减少总体成本。在统一建设项目中，土地控制和走廊两侧的土地储备问题可以一次性商定，节省了时间和财力。

印度，向妇女介绍堆肥和卫生设施
© UN-Habitat

应对水资源挑战

了解水资源挑战

水是稀缺的，并且水源远离城市。水在公共健康、经济增长和环境可持续中起着关键作用，但是地球上的水只有0.01%是可以利用的。[65]供人类使用的主要水源，包括湖泊、河流、土壤水分和较浅层的地下水盆地，它们的分布不均衡，通常远离城市区域。大约36%的世界人口，即24亿人生活在缺水地区[66]，到2050年52%的人将面临严重缺水。

城市供水是有限的。2010年，大约有8.84亿人不能获得管道供水和安全的水源。这是诸如莫桑比克马普托这样的城市发展的一大问题，2003年，130万城市人口中有20%的人不能获得饮用水。而像雅加达这样的大城市，其1000万人口中的一半在2007年的时候不能获得饮用水。[67]

世界卫生组织估计，良好的卫生和清洁需要每天人均30升的水供给。

图3.1　2000年世界分区域的淡水可获得量（1000m³每人/每年）

< 1.0 灾难性地低
1.0~2.0 非常低
2.0~5.0 低
5.0 ~ 10.0 中
10.0 ~ 20.0 高
>20.0非常高

资料来源：由UNDP，UNEP，World Bank，WRI（2000）和联合国人口分部（2001）整理

需求日益增长，而过度消费也非常常见。到2020年，水使用量预期增长40%[68]，而在一些城市已经超过了这个数字。例如，埃塞俄比亚的亚的斯亚贝巴的用水量是世界卫生组织建议量的两倍，而尼日利亚的拉各斯为三倍，印度加尔各答用水量是其四倍有余。泰国曼谷、中国南京、巴西的阿雷格里港、乌拉圭的蒙得维的亚、南非的约翰内斯堡以及突尼斯的突尼斯市，用水量是建议量的10倍，而美国洛杉矶和凤凰城则超过了20倍。[69]

水泄漏和消费者浪费是严重的问题。这些问题在全世界保守估计每年耗费了1410亿美元，其中三分之一出现在发展中国家，大约每天有4500万 m³ 从配送网络中流失。[70]这些漏损的水量可以供给差不多2亿人。在巴西的里约热内卢、阿根廷的布宜诺斯艾利斯、罗马尼亚的布加勒斯特、保加利亚的索菲亚和肯尼亚的内罗毕，系统中大约一半的水泄漏掉了。[71]因为偷用水、计量问题和贪污腐败，每天大约有3000万 m³ 的水没有被统计而被流失了。

让水管理和空间规划一体化

应该把水循环和目前与将来的水供求作为一个主要的驱动因素纳入空间规划。灵敏的水资源规划应该包括通过降低水量消耗、促进水的安全重复利用、利用尽可能多的供水选择、使集中和非集中系统结合。城市水源规划要让开发远离水汇集和储存区域，使非渗透地表最小化，以提高保水性和含水层补给。水源规划也应使行政管辖之间有效协调，以促进投资的效果。

肯尼亚纳库鲁，向城市郊区居民展示中水收集装置
© Flickr/ Laura Kraft/ Sustainable sanitation

供水系统需要大量的空间。水从源头提取、净化、用泵送到贮水池，然后再通过网络配送给消费者。水源的地理分布可能导致供水系统绵延超过1000km。一旦水被使用后，废水通常排入排污系统，在排入河流、湖泊和大海或者重复利用之前，需要经过污水处理厂处理。

配水系统影响空间结构，反之亦然。配水系统的建设，需要大量的固定投资，影响空间发展。分散格局使水需求分散，这需要更大的配送和收集系统。而紧凑格局有助于资本和运营成本的最小化。与配送网络相关的成本通常占整个系统成本的70%。

表3.1 供水分配和处理设施如何与空间结构产生联系

与哪部分联系	如何联系
水源地	
用地	保护绿色开放空间，防止河流和地下水源被污染 减少非渗透地表，增加渗透，补充地下蓄水层水源 水库用地
密度	人口集中布局能减少非渗透地表，使大面积的绿地得以保护
建筑	水库建筑
配送系统	
用地	不同用地形式有不同需求；如果将活动布局在坡顶，将增加配送费用
密度	人口集中布局减少配送网络的总长
街道和公共空间	如果有预留空间可被用来放置管道，成本就能降低
建筑	高层建筑可能需要额外的压力来配送
处理设施	
用地	处理设施工厂布局需要与其他用地形式兼容 地下处理工厂可以节省用地
密度	就地处理，例如腐败物处理仓，可能是分散类型的方式之一
建筑	水循环可以始于建筑层面

资料来源：由H. Srinivas资料整理

减少水消耗，缓解淡水水源压力

通过需求管理可以节省大量水。激励和调节水的有效利用可以产生重大影响：例如，在冲洗以后不停放水的厕所，会超过世卫组织建议的人均每日用水量。[72]在加拿大的试点项目中，使用节水设备可减少52%的用水量。使用水表也鼓励了节水。通过节水系统来控制灌溉用水，如通过地下灌溉，也是非常有效的。因为用来浇灌草坪的洒水喷头三分钟消耗的水量，通常等于世卫组织人均每天的用水标准，耗水量太大。

城市越来越多地使用替代水源。基于家庭和建筑层面的水回收可以明显减少对自来水的需求，使用处理过的废水可以大量节水。洗涤用水可以再次使用，如用来浇灌植物或者洁厕。废水处理厂是大规模高成本的设施，过去这些工厂会产生刺激性臭味。在新加坡有五座处理厂，NEWater公司再生水计划现在满足了30%的用水需求。[73]

法兰克福机场的屋顶，建于1993年，可以收集16000m³雨水，用以清洁、园林和洁厕。

塞内加尔达喀尔，非正式水源配送
© UN-Habitat/ Laura Petrella

新加坡，NEWater公司再生水计划满足了30%的用水需求 © PUB

基础设施系统可以随着人们的支付能力增加而进行渐进设计、实施和升级。集中化的系统形成大量的配送网络，且处理厂远离人们的住所。这种系统需要大量的前期资本投资，不容易改变，其设计经常限制了净化水的重复利用。在靠近需求中心的地方建设水井，可以形成更简洁的网络，并降低投资成本。将水和公共卫生一起供给，促进充分利用和能源回收，是需求中心系统的特点。

天然或人工湿地对于水处理有着多重效益。湿地通过一种自然过程，包括湿地植被、土壤及其相关的微生物集群，能够帮助处理污水或者其他废弃资源。水处理湿地拥有湿地的一些自然功能，弥补了湿地区域的一些重大损失，同时减少了常规污水处理厂的土地需求和能源投入。

一个在公共空间下的污水处理厂

桑塔德里亚德韦索斯的污水处理厂通过清除悬浮粒子和气体污染物，来排除气味，处理了西班牙巴塞罗那市超过70%的污水。该工厂占地90000m²，建于地下，位于巴塞罗那论坛优质住所、会议中心和公共空间的地下。

美国芝加哥的水处理工厂
© Flickr/ Neal Jennings/ Sweet one

中国北京奥林匹克森林公园，建设中的湿地
© Flickr/ Sustainable sanitation

慎重考虑补贴

水价在增长，但是成本回收却仍是挑战。过去5年中，发达国家和发展中国家的平均水价都出现了明显的上涨。例如，澳大利亚的水价增长了85%，南非增长了70%。[74]从最不发达国家到发达国家，水价的范围从0.1美元/m^3到超过1美元/m^3。[75]在水价上涨的同时，整个全球只有30%或者50%的发达国家，有足够的收入覆盖运营和资本成本。[76]

补贴并不总能达成目标。公共事业必须在一个可营利的体系中，提供消费者可接受的服务。这个目标有着重大的政治和经济意义，可能导致补贴价格政策，对贫困消费者有着负面影响。[77]对于家庭用户的交叉补贴并不总能实现他们的目标，因此必须精心制定。因为服务供应商提供水、能源和通信等服务，如果法律允许的话，合并这些服务可能产生一定收益，例如共同记账和选择用售电收入交叉补贴供水服务。

缅甸，让社区参与到水管理的事务中
© UN-Habitat/ Veronica Wijaya

塞内加尔圣路易，用引水渠输水
© UN-Habitat/ Marie Dariel-Scognamillo

高效地收集和处理废弃物

了解城市废弃物管理的动力机制

有效的废弃物管理对于一个健康和有竞争力的城市而言，是关键因素之一。但是许多城市难以保持城市清洁，因为在中等规模的城市，固体废弃物管理的成本可能达到市政总预算的50%。[78]废弃物管理对公共卫生有着重要影响，因为它是传染性疾病的两个主要的载体和传播途径之一（另一个载体是水）。在毫无控制的场地进行废弃物填埋或处理可能污染空气、土地和水。无效的固体废弃物管理可能会给国外投资者和游客留下不好印象，这会导致城市形象和投资损失。

城市产生了越来越多的固体废弃物。经济增长和消费方式转变容易产生更高的人均废弃物比率。在2007年，经济合作组织国家产生的人均废弃物重量是556kg。[79]发展中国家城市废弃物的产生量正在快速增长，并且许多处于或者超过了经合组织的水平。例如泰国的曼谷、巴西的圣保罗分别产生了534kg和550kg人均废弃物。马来西亚的吉隆坡产生了比经合组织水平更高的废弃物，每人每年达到815kg。[80]

未控制的垃圾场将污染空气、土地和水，奥尼查，尼日利亚 © UN-Habitat/Alessandro Scotti

巴西圣保罗Julio Mesquita的垃圾堆放
©Flickr/Douglas R. Nascimento, Blog do Milton Jung

"减量、重复利用、再循环和回收"是大多数废弃物最少化战略的基石。废弃物金字塔根据从产品中取得的最大实际价值和产生的最小废弃物量，对废弃物管理战略进行分类。减量（也就是防止和最少化）包括如制造更长生命周期的产品等措施。尽管一个城市可以鼓励负责任地消费，但合法地强制某种生产模式通常在地方政府政策范围之外。重复利用提倡使用可以多次利用的产品；再循环过程把材料用于新产品；而能源回收包括例如沼气收集技术，它可以利用废弃物或副产品来生产能源。

图3.2 废弃物金字塔

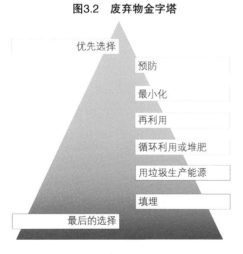

资料来源：Eco2city

将废弃物管理与空间规划一体化

处理场所的规模和位置决定了成本和外部性。建设运营大规模填埋场，而不是小规模填埋场的成本优势，导致了建设区域设施的趋势。更大的填埋场与小填埋场相比，可能有更好的每吨成本效益，但是却可能产生更大的交通成本，并且对房地产价值有负面影响，且不受社区欢迎。场地位置的选择，可能让增加的交通量、噪声和难闻气体、环境退化和有限土地利用等因素的影响最小化，缓冲区决定了填埋场不应布置的位置。在靠近废弃物产生区域的地方提供分类和回收利用的公共空间，有助于减少垃圾处理场的规模。

按照目前的废弃物产生速度，到2018年，英国将会耗尽填埋空间。

废弃物填埋场选址的标准

1．位于人口稠密区之外
2．离市区在10km之内
3．距主干道0.2~10km
4．不能距地表水1km之内
5．避开地下水脆弱区
6．不要在铁路线500m内
7．避开生态价值区
8．不要在古迹500m之内
9．避免占用肥沃的农地
10．为公众所接受

资料来源：Baban, S.M.J. and Flannagan, J[81]

缺乏地籍信息导致成本回收率低。十分之九的城市都征收垃圾收集费，通常作为一个单独项目[82]，通过财产税账单的方式收取，但是这个系统需要及时更新的地籍。另一个可以选择的做法是利用另外的物业账单来收取垃圾费，像收取电费那样。在哥伦比亚，一些城市只有单一的物业账单，涵盖了许多服务，例如水、排污、电话、电力和固体垃圾。厄瓜多尔的城市给电费附加了10%~12%的额外费用，来弥补废物处理的成本。

秘鲁，倾倒城市废弃物
© Foter/ Alex E. Proimos

印度加济布尔，年轻的拾荒者
© Flickr/ Mackenzienicole

表3.2　废弃物管理如何与空间结构产生联系

与哪部分联系	如何联系
用地	避免露天倾倒场所 合理选择填埋场所，主要考虑缓冲区应当保护周边的土地价值和自然资源 确立地籍管理信息系统，有利于成本回收 为堆肥和其他可循环处理活动提供空间 合理确定焚化场选址
密度	高密度，密集模式，可使垃圾收集成本更低
基础设施	为废弃物处理和可循环设施提供道路、能源、水等基础设施 废弃物收集的可达性
建筑	估算在建设和未来运营过程中，可能产生的废弃物量
为建筑提供的服务	促进可循环服务

资料来源：由H. Srinivas资料整理

堆肥是一个廉价的途径，可处理一半的城市垃圾。尤其对发展中国家的城市，是一个合适的选项。假如它是废弃物管理整体规划的一部分，堆肥有助于垃圾回收利用，减少温室气体。[83]拉合尔堆肥有限公司是一家私有企业，与巴基斯坦旁遮普省的拉合尔地方政府有25年的协议。它获得特许，每天处理来自居民区以及水果和蔬菜市场的1000吨的固体垃圾。堆肥处理通常花60天左右才能完成。[84]

印度马哈拉施特拉邦，准备送往Pimpri Chinchwad
堆肥工厂的堆肥 © 哥伦比亚大学地球工程中心

美国米德尔顿，避免隐蔽的垃圾填埋场
© Flickr/ 威斯康星州自然科学部门

利用非正式部门进行废弃物收集

雇佣非正式的拾荒者创造了工作岗位，节省了市政开支并且保护了环境。在狭窄街道地区的垃圾收集可以通过让当地居民参与而得到改善，这也将减少健康危害，防止土壤和水污染。在2007年，据估计在中国有600万人，在印度大约有100万人，在巴西有50万人参与了拾荒。[85]整合拾荒者的一个创造性方法是绿色交易所，其从1991年就在巴西的库里蒂巴实施，在这里人们可以用4kg可回收的垃圾交换1kg的食物。

拾荒者可以在地方政府的支持下进行自我组织。这种支持有助于创造微型企业，为没有垃圾收集服务的社区提供服务，并且为企业中的人员提供了收入机会。在巴西的贝诺哈里桑塔自治市，大约380位拾荒者形成了ASMARE团体，他们每个月回收500吨材料。同样在巴西的圣保罗，COOPAMARE集合了80名成员以及200名独立的拾荒者，他们每个月挣300美元——是最低工资的两倍——每个月收集和出售大约100吨可回收垃圾。

健康城市

在秘鲁，非营利组织"健康城市"让超过6500名拾荒者的职业正规化，他们每年收集接近29.3万吨可回收物，市场价值1850万美元。拾荒者的加入，让超过200座城市将垃圾回收率从40%提高到了80%，对900万人产生了直接影响，每年拯救了200万棵树。此外，拾荒者的月收入已经翻番，每月达到180~260美元。

秘鲁卡哈马卡的拾荒者
© Ciudad Saludable

提高能源效率

了解能源的关键趋势

地方举措可以让国家能源计划在实际水平上向前迈进。大多数能源的生产在城市之外，并且能源规划通常是在国家层次上制定。这些与城市相关，因为城市能调节供给源、降耗并且鼓励取得最佳效能。然而，城市正在越来越多地采取实际措施和推出举措，有时候甚至有更雄心勃勃的目标。这些举措可能包括先进土地利用政策、节能建筑标准、能源生产与储存方案，以及需求方管理。

跨越式发展

对于发展中国家的城市，更明显的机遇之一就是"跨越式发展"——跳过较差的、缺乏效率的、更加昂贵的或者更具污染性的技术和工业，直接迈向更加先进的技术和工业。这也就意味着它们不用重复高度工业化社会形成的、以化石燃料为基础的能源结构错误，而直接跃向可再生能源资源和更有效率的分配途径。

资料来源：UN-Habitat and ICLEI[87]

邓多克可持续能源区

爱尔兰邓多克的可持续能源区，是一个4km²的混合利用区。它的目的是通过展示一个模范社区的效益，来推动国家向可持续能源实践转型。具体的目标是：

- 20%的电力来自可再生资源
- 20%的供热来自可再生资源
- 部分建筑的能源绩效提高40%

资料来源：SEAI[86]

中国珲春，太阳能热水器
© UN-Habitat/ Alessandro Scotti

巴塞罗那的地方能源规划

西班牙巴塞罗那能源署建立于2002年，集合了各种相关的市政部门、能源机构和地方大学，其宗旨是促进当地可再生能源资源利用和提升能源效率，支持公共部门的举措，为企业和公民提供信息和建议。通过能源审计、预测和情景规划，"巴塞罗那能源改进计划"制定了地方措施，例如太阳能条例，它规定了在建筑物中安装太阳能热水器，节省的能源估计为24840MWh/年。[88]

能源规划向需求导向转向。根据使用者的需求进行规划可以取得显著效益，考虑这些状况并不是只能通过消耗能源的系统得到满足。例如，冬季家庭供暖或者夏季制冷的需求可以通过隔热或者节能设计得到满足；对热水需求可以通过安装太阳能热水器得到满足；而一个产业所需要的能源投入可以由该产业产生的废弃能源和废弃产品提供。

表3.3　供应导向和需求导向的方法

供应导向方法的缺陷	需求导向方法的益处
关注于供应产业的需求	消费者需求导向，因此供应与需求相匹配
关注能源来源的规模，而并不关注能源效率	能源效率及用合适的方式满足能源服务需求（做饭，供暖等）变得越来越重要
对未来需求估算不精确	精确的能源需求估算
对供应方的关注可能错过家庭更新换代的机遇	更广的顾客群体能享受到能源服务
很少有人关注行为方式的转变	在供应方解决方案之前，先进行需求方管理
用户的绝大多数并没有投入	帮助用户做出决定，并与之持续交流
用户对他们的能源消费并不能进行很多控制	用户对他们的能源消费能够做出更多控制
对能源短缺体现出脆弱性	该系统具有韧性且很坚固

资料来源：作者

与城市规划联系起来

能源是空间规划决策的核心因素。在廉价化石燃料时代，能源在空间规划中并不是一个重要因素。在石油使用高峰期过后，空间规划是减少能源消耗和温室气体排放的一种方法。例如，与紧凑格局相比，蔓延格局的供暖能源需求增加了三倍。[89]一项研究表明，当人口密度翻倍时，服务行业领域的能源效率可以增加近12%。[90]

交通政策对能源消耗有影响。有效率的城市把工作和居住靠近在一起，因此也减少了通勤量。其他减少能源消耗的方法是，通过有效的公共交通实现就业和服务中心的连接；通过提倡步行和自行车，控制私家车的使用；为节能汽车的使用提供激励措施。低密度的城市倾向于在私家交通中消耗更多的能源。爱尔兰都柏林的一项研究表明，密度为40人/hm²区域的居民在乘车上下班所消耗的能源，与密度更低的地区相比，减少了50%。[91]

城市设计和建筑标准设定可以减少耗能。设计标准包括南—北朝向、空气对流、绿化面积和屋顶花园、水循环利用、雨水集蓄和选择当地可回收利用的建筑材料。多单元开发可以提高它们的能源效率，如通过利用走廊、楼梯间和停车场的自然采光；利用低瓦数的照明设施；为电梯提供轻便舒适的替代选择。能效标准可能涉及制热制冷系统、隔热类型、个人耗能计量、周期性的系统检验以及建筑能效认证等等。在西班牙阿尔科孔，节能灯的街道照明系统节约了45%左右的电能，成本在六年内得到回收。[92]

表3.4　能源需求和供应如何与空间结构联系在一起

与哪部分联系	如何联系
用地	地籍信息使能源审计成为可能，因为不同活动对应不同能源需求；用地也使需求预测更容易 机动性与能源消费往往正相关 多中心形态与分散式能源生产最为匹配
公共空间和绿地面积	绿地有助于减少热岛效应、用于空调的能源需求和供暖
密度	更密的居住密度带来更低的供应成本
基础设施	高架传输线路（尤其是高压传输线路）需要更大面积土地 地下传输线路更安全且对街道景观更有利 供水和水处理设施如果需要泵的话，可能需要很多能源 天然气、废弃物能源的环路闭合
建筑	朝向和设计能增加能源的获得，缓解主动能源生产装置的压力（例如屋顶朝向太阳等） 建筑改造作为城市更新的一部分 建筑的能源档案应纳入发展成本和发展激励因素

资料来源：由H. Srinivas资料整理

地方政策可以引导在建筑中使用可再生能源。市政当局可以为建筑设定可再生能源使用目标，包括新建的或者申请变更使用许可的建筑，让消费者来选择具体技术以实现这些目标。在中国日照市中心区的99%的住户使用太阳能热水器，并且大多数交通信号灯、街道和公园照明由光伏太阳能电池供电。[93]

建筑消耗了全世界30%～40%的能源，可进行有助于优化建筑耗能的改造。地方政府可以以身作则，在行政办公地、健康中心、中小学校、大学和其他设施实施建筑改造项目。公共采购在发展中国家占政府预算的12%～20%左右，可以是一种很好的方式，支持建立地方专业化公司，并支持能源效率与再生能源技术发展。为了提高能源效率而对私有建筑进行的改造，可以通过经济奖励和立法推动。在印度孟买，该国最大的购物中心——伊诺比特商业综合体接受了改造，通过之后不断的成本节约措施，预计可以在不超过5年的时间内收回成本。[94]

美国芝加哥，市政厅的绿色屋顶
© Flickr/ TouringCyclist

印度孟买，伊诺比特商业综合体
© Flickr/Zadeus

提高分配效率

分散的能源生产系统可能适合快速扩张的城市和不太密集的居住区。传统的供电工程方法由大的集中生产设施和广阔的分配系统构成，这需要大量的投资和很长的项目周期。[95]分散化的系统可以达到网络外的地方，节省能源，并且在应对自然和人为灾难时更有承载力。技术可行的今天容许这些系统随着供需波动，进行有效整合。

智能电网被认为是能源管理的未来。智能电表使分散化的发电厂的整合、供求匹配成为可能，并且允许灵活付费。[96]拥有智能电网的建筑可以在一天的任何时候独立地调节它的电力需求，储存过剩能源，并且如果必要的话，能反馈到城市的分配网络。智能电网可以提高能源结构中可再生资源的效率。在网络层面，智能传感器可以不停地检查性能并且在故障的地方启动快速维修，以免能源的损失。[97]然而，在那些稳定的电力供应得不到保障的城市，智能电网和智能电表可能似乎很遥远，跨越式发展能够允许一种更加有效的能源供给和需求模式。

电动车可能促进可再生能源成为主流，因为它们将可再生资源产生的电储存并运用起来。例如英国伦敦的充电站网络，使电动汽车能够更方便地使用。并且城市可以通过合作开发的方式安装这些充电站，实现低成本或零成本。

德国阿尔高Wildpoldsried，在施工中的智能电网
© Siemens

法国巴黎，在车站充电的电动汽车
© Flickr/Stephen Rees

索韦托的转型
约翰内斯堡　南非

索韦托的基础设施和公共空间 © Johannesburg Development Planning and Facilitation

　　索韦托是大约翰内斯堡地区的一个镇。在2002年纳入约翰内斯堡大都会之前，它是一个单独的自治市。如今它大约有100万人口。

　　在南非种族隔离时代，该地区是警察和平民暴力冲突的场所，丧失了基本服务并造成了普遍的贫困。在2001年，市政当局开始着手进行实质的规划和投资努力，改善基础设施、可达性和安全性，以提供更好的公共空间。

　　维拉卡齐大街升级成了繁华的街道，拥有商店、餐厅、酒吧和旅游住宿，如今吸引了很多游客，并为当地居民和企业创造了经济机会。

解决方案

三个规划——索韦托经济转型和发展规划、整体空间框架和约翰内斯堡城市安全战略——奠定了变革的基础。**执行市长阿摩司·马森多（2001～2011年）认为，"索韦托的转型为它的居民和城市创造了新的机会——因为它不只是建设，同时创造了就业和新的投资机会。"**这些规划把经济振兴、空间开发和减少犯罪结合在一起。6个空间增长节点与主要的公共交通联运设施相连。随着新建筑的落成，行人友好区域形成了社区设施和公共空间。节点带来了办公和住宅开发的投资机会，也包括社会住房。联运的、混合使用的设施为非正式贸易商提供了空间，而索韦托经济开发区为小企业和新兴企业家提供了经营场所和各种服务设施。

框架要求，距离火车站500m以内，距离通往约翰内斯堡中心的雷巴亚快速公交系统路线300m以内，提供更高的居住区密度。安全战略关注公园、公共空间和街道环境的活力，恢复以及管理有问题的废弃资产。

结果

马森多说："索韦托已经成为约翰内斯堡市一个有活力的重要组成部分"。莫罗卡警察站的统计数据表明，地区安全得到了改善，暴力事件持续下降，在过去的5年中下降了7%~10%。市政当局投资接近6000万美元，历经两年铺设了314km道路。通过自行车道和车辆、行人桥梁建设，使可达性得到了进一步加强。到2008年，95%的目标区域有了新的公共照明。在建设阶段，大概创造了5000个岗位。以社区为基础的环保服务开始于2008年，185738户签订了以垃圾产生为基础的协议。所有估价低于1.8万美元的住宅能够获得免费的垃圾处理服务。社区意识增强项目和对非法倾倒的执法，使公共卫生得到了巨大改善。

一项1.08亿美元的投资改善了供水服务。包括安装和升级供水与卫生设施管道、修缮漏水的室内卫生设备，安装16.2万个分户预付水表。只有当住户每月用水超过了6000升才会进行收费，这只占索韦托住户的大约45%。在2003年和2008年末之间，节约了641.39万亿升水，并且该项目在2004年和2007年间创造了1.15万个就业岗位。投资250万美元修缮的莫罗卡水坝和托克扎公园，种植了超过20万棵树，成为1.5万人周末聚集休闲的地方。绿化索韦托项目关注绿化开放空间的开发，这需要当地社区的参与来进行维持。

巴拉中心每天服务6万人，是一个繁忙的公共交通枢纽，混合了长途和短途的出租车和巴士、各种正式的和非正式的零售空间和办公。该设施周围的活动估计一年能产出1.22亿美元。马蓬亚购物中心和加布拉尼购物中心是私人投资的结果，这些在之前是不可想象的。索韦托一些地方的房产价值从2000年起每年平均增长16%，超过了全国的平均水平。

索韦托剧院在2012年开业，立即成为当地文化产业活动的催化剂，而索韦托旅游中心开发了147项旅游产品。2002年，将近25万名游客访问了索韦托。六年以后，该数字增长到了大概100万，创造了大概1500个工作岗位。

如何解决非正式
区域的问题

　　非正式经济在全球估计值为10万亿美元[98]，并且通过提供廉价和有弹性的劳动力，有助于让许多城市富有竞争力。它为较贫困的家庭创造了正式经济无法提供的机会。非正式居住区通过成千上万次的交易，为它们的居民提供了90%的就业。尽管没有法律条文契约，这些居住区成为负担不起正式住房的数百万家庭的避难所。在发展中国家的一些地方，非正式经济可能占到GDP的近50%。城市可以从解决非正式性产生的问题中受益，而不应粉碎其带来的机遇。城市规划应采取支持包容而不是排斥的态度，帮助整合低收入群体和非正式区域作为城市的一部分，升级目前的贫民窟，防止形成新的贫民窟。

使非正式居住区成为城市的一部分

修正忽视非正式地区的城市规划方法

改善非正式居住区需要转变方法，将它们看作资产而非债务。快速的城市化超过了许多市政当局提供服务和土地、安置流入的新人口的能力，但是忽略非正式居住区并不能让它消失。因为非正式居住区涵括了大量的劳动力和小企业，城市的战略如果把非正式居住区吸收进正式区域，城市就可以获得社会凝聚力、服务和就业等重要利益。

不切实际的管制导致了非正式性问题。区划、建筑标准以及随之而来的、不同社会经济条件城市文脉的最小化，导致了市场的扭曲，阻碍了大部分的低收入家庭获得有法律保障的土地和住房。例如，大地块规模的规划对低收入家庭来说是负担不起的，这迫使他们离开正规土地和住房市场。这种需求在那些公共设施不足的地块得到满足，这些住宅区在规划区划外开发，且经常是在危险区域。

在印度孟买，50%的人口生活在达哈维，这是世界上最大的贫民区之一。达哈维每年的经济产出估计为8亿美元左右，它的制造业能够向全世界出口商品。[99]

多米尼加共和国圣多明各，非正式居住区紧邻着规划过的区域 © UN Photo/ M. Guthrie

印度孟买，达哈维贫民区
© Flickr/ Mark Hillary

协调住宅项目的土地出让和基础设施供给,可以为低收入群体提供空间。为了对这些群体产生有益的影响,政策需要对社会经济状况有深入了解。应鼓励及时土地出让,例如可使开发商的基础设施投资在延续期间内有回报,或者为更有效的基础设施服务分配提供给予奖励。为阻止土地积压,可以对那些不按照发展规划规定期间内供给和开发的地点征收费用,对不按秩序供给土地的收费可以弥补提供基础设施的附加成本。

为非正式部门创造机会

良好的土地管理实践有助于提高住房的可承受性。这意味着要避免:复杂冗长的规划评估过程;住宅用地供应的瓶颈或激增;在一个地区可利用的土地过多而分布不平衡;土地供给序列缺口(长期与短期供给相反);与规划许可相关的过多的或者不确定的费用和收费。

埃塞俄比亚德雷达瓦,街市
© Flickr/ A. Davey

加纳库马西,大型的露天市场——Kejetia市场
© Flickr/ Adam Jones

到工作区域交通便利化，以及允许商业和居住的混合使用，有助于非正式部门的整合。这包括在可承受的、有公交服务的土地上规划可承受的居住区；生计规划而不只是居住计划，在住宅建筑的底层，或者最靠近它们的地方，将购物和其他经济活动的空间结合起来。交通枢纽是重要的市民目的地，利用好它们的可达性可以集合正式和非正式商业空间、社区设施和公共空间。

升级非正式市场可以加强经济活动。摊贩和非正式摊位以无组织的方式汇集在交通节点周围，可能扰乱行人和车辆交通，破坏区域的价值。改善这些活动可以成为经济发展的催化剂，随着商家改善他们的工作条件，并壮大他们的生意，这种方式可以成为规范化的鼓励方式。

在贝洛奥里藏特，超过2000个摊贩在1998年和2002年间进行了登记，之后在大众购物中心为它们提供了商业空间。

巴西贝洛奥里藏特市，赶集日
© Flickr/ Bruno Girin

塞内加尔达喀尔，一个非正式的集市

移动电话的应用可以为非正式部门使用银行服务提供便利。在一些非洲国家，能够使用移动电话的人比能够获得清洁水源、银行账户甚至电力的人更多。[100]一些应用，如由肯尼亚Safaricom通讯运营的M-Pesa为低收入群体和它的1700万使用者开启了正式金融服务的通道，可以通过它们的移动电话进行资金转移和费用支付。该计划使银行账户自2007年起有了4倍的增长[101]，节约了家庭到最近银行机构，或者通过中介机构支付的货币和机会成本，并且改善了税款的收取。在内罗毕外围的凯姆比，据报道在该服务开通的四个月内，有59%的家庭使用M-Pesa支付水费。[102]

连接正式和非正式的服务

市政当局和非正式部门之间的合作可以改善水供应和废物回收，并且创造就业。政府通过政策组织非正式供应商，保证对贫困居住区供水，从而提高饮用水的获取。贝宁科托努市政当局联合了非正式供应商的力量运营24个新建的公共用水供应站，提供经济上可承受的饮用水，提高了服务质量。固体垃圾回收可以从非正式部门劳动力与公共投资设施的融合中获益。市政当局提供基础设施和设备，拾荒者提供免费劳动力，这种合作关系在哥伦比亚的城市中很常见。[103]

肯尼亚，一个M-Pesa业务的售卖点
© Mukami Mwongo

缅甸，一个居住区内的非正式供水
© UN-Habitat/Veronica Wijaya

非正式交通满足了出行需求并且创造了就业。因公共交通资源欠缺，导致在边缘居住区公共交通服务有限或缺失，并且收费高昂，非正式客运成为对公交系统的补充。在墨西哥的墨西哥城，非正式面包车提供连接城市外围边缘区域与地铁站的公交服务。禁止非正式交通不是一个可行的解决方案，因为它阻碍了就业途径。反之，重视这种服务并规范他们，在管理相关问题时，如交通拥堵、交通事故和污染，能够起到作用。

在孟加拉国达卡，非正式交通占总就业的30%，但是三轮车排放的污染物比汽车多30倍。

墨西哥尤卡坦，不同的交通模式
© Flickr/Gafas

孟加拉国达卡，黄包摩托车
© Wikipedia/Volunteer Marek

改善现存的非正式居住区

在地图上标记出非正式居住区

标记非正式居住区，才能将它们整合进更广的城市规划中。通常来说，非正式居住区并没有被绘制在官方地图上。然而，被标记对于升级这些非正式居住区是很关键的，因为改造需要了解非正式居住区物质条件和服务设施的完全信息，持久的升级需要整合进更广的城市发展规划中。标记可以让相关部门同时获得信息；这有助于分清优先关注区域，协调措施。数据库可以用于服务提供、征税和制作地籍薄[104]，所有这些有助于把非正式区域囊括进正式经济。在内罗毕，对基贝拉的测

绘开始于2009年，这是一项信息工程，它开发了一个免费的开放的数字地图，包括有GPS信息、图片、视频和音频。数据收集和绘图主要由青年团体通过公开资源和移动电话应用进行。[105]

发展中国家城市的很大一部分人口居住在非正式居住区。快速的城市化超过了市政当局提供服务土地，安置新流入人口的能力。低收入家庭和部分中产阶级被渐渐地逼出正式的土地和住房市场，刺激了对规划法规外公共设施不足的住宅区中低价住房的需求，这些地方经常是危险区域。在印度孟买和肯尼亚内罗毕，50%的人口生活在贫民区，尤其是达拉维和基贝拉，这两个世界上最大的贫民区。在巴西的里约热内卢和圣保罗的贫民区，居住着大约四分之一的城市总人口，而哥伦比亚的波哥大35%的人居住在非正式居住区。

非正式居住区的有效改善需要社区参与评估，并确定优先次序。根据居住区的自然和人为灾难脆弱性、法律地位和土地所有权，以及自然和经济状况，由社区参与对居住区进行分类，是改善的第一步。其后，在非正式居住区改善战略中，制定一个平衡各实体项目优先性的框架，可产生附加影响。

内罗毕，标记贫民区
© Map Kibera

95

在远离家园和获得收入的地方重新安置贫民区居民，可能产生过高的干扰成本。除非这些居住区位于危险区域，或者位于城市规划的战略位置，应该优先选择原地改善。在中等收入国家，在社会整体可以受益，且人民的生活不受到破坏的情况下，可以考虑广泛的城市更新计划。

什么是贫民区？

贫民区是指满足以下五个条件之一或更多的家庭住户构成的居住区：无法获得饮用水、无法获得清洁卫生设施、没有足够的人均居住面积（一间房不超过三个人）、住宅质量和耐久性极差。

图4.1 居住在低住区中城市人口的比例

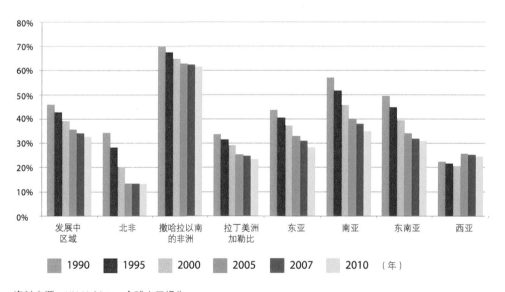

资料来源：UN-Habitat，全球人居报告

表4.1　　非正式居住区的条件、评估和介入例子

类别	条件	评估	介入例子
灾害	平原、陡坡、地震断层线、湿地、河床、近海	确定介入的紧急程度	重新安置
土地使用权	占有者的地位（非法占有、未登记权利、占有文件、出售文件）；土地所有权（国家政府、省或者地方当局、私人）	决定调整战略来提供土地使用权保障	提供占有权
物理状况	物理间隙（自然或人为的），地下水位、土壤、密度、水电连接（合法的、非法的、计量的）、建筑材料（永久的、暂时的）	明确公共空间体系，确定住房改善战略，基础设施和服务需求	构建街道和公共空间；道路升级；小额住房贷款；改善；连通水供应干线和电力网络
社会经济特征	经济活动结构、贫困水平、种族划分、不良的或者非法活动的存在（犯罪、吸毒、卖淫）、青年帮派和其他社会不良现象	决定对社会项目和经济发展措施的需求	进行职业培训和其他教育项目；提升社区活动；建立邻里犯罪监督；保护地方社会结构防止过度颠覆
城市整合	在城市中的相对位置；可达性；公共设施（学校、卫生中心）；当地就业；公共空间；规划条例	决定关键的通达问题；识别全市功能和设施；整合的潜在性；评估关键的管理障碍	通过公共交通或组织非正式车队提供可达性；创建公共空间；改革限制有效整合的管理

资料来源：由Serageldin资料整理

乌干达金贾，贫民区的重新安置必须考虑与居民工作地点的可达性，2005 © Suzi Mutter

从埃及外国领事馆大楼俯瞰开罗最贫穷的贫民区
© Flickrt/Hossam el-Hamalawy

采取整体的方法进行改善

多部门协作的方法是升级改造基础设施的关键。一个优先选项是扩展交通系统，以服务非正式居住区，方便居民工作。获得饮用水和卫生服务可以解决关键的公共卫生问题；管理固体垃圾可以极大地减少健康危害，创造收入机会，如垃圾收集。在全面干预中整合这些部门，提高土地价值，一旦土地使用权得到了保障，呼吁居民协助建设或者维护，就显得理所当然了。

在玻利维亚的拉巴斯，居住区中卫生单元的设置、道路和楼梯的建设、雨水排水系统的改善都提高了非正式居住区的资产价值。[106]

在孟加拉国，当作水上学校、图书馆和卫生中心使用的船安装了防水屋顶和太阳能电池板、电脑、高速因特网和便携的太阳能灯具。[107]

玻利维亚，拉巴斯的居住区
© Flickr/i_gallagher

公共空间和社区设施是自我改善的催化剂。公共空间有助于创造有生活力的社区。公共街道空间增加了可达性，支持了经济活动，最大限度地创造了经济价值，并且为其他基础设施的铺设提供空间。公共空间塑造了共同特征，引入了对实体环境的保护。它也加强了社会整合，建立起信任和关系。改善街道、广场和公园能给予居民一种永恒的意识，让他们逐渐对自己的生活环境感到自豪，并且这成为住房投资的催化剂，将有助于增加房产价值和减少边际效应。拥有良好可达性的社区中心，有助于社区参与实践活动，包括职业培训、工作咨询和社会发展项目。社区设施，包括卫生站、托儿所和学校，可以是移动的，以分散服务。

孟加拉国，流动学校和图书馆到达了偏远地区
© Abir Abdullah-Shidhulai Swanirvar Sangstha

使用权的保障可以一步一步实现。对于住户来说，完全产权和登记显然是使用权最有力的保障。然而，这很昂贵，需要法律和行政能力推行。这在许多发展中国家是缺乏的，可能导致房产价格上涨，较贫困的租户因此被替代，并且可能把妇女和儿童排斥在外。[108]新规划地块的所有者可能受到诱惑或压力，而将土地出售给预见到土地价值上涨的开发商。[109]当所有者获得了正式产权时，租户会显得弱势，租金就可能快速地上涨。对居住保障的关注反而扩大了地方当局规范化的能力。

保障使用权的步骤

• 提高工作地区的可达性，改善卫生条件；

• 通过公共空间和社区设施，灌输一种永久性的意识；

• 发布一项声明，居住区将不会被拆除，或者它的居民在规定时期内（通常至少10年）不会被取代，但不会给予正式的产权；

• 发放临时的和可更新的占有许可证；

• 开启不可交易的短期租赁，以及可交易或者不可交易的长期租赁（如75~90年）形式；

• 为住房指定号码和地址。

防止非正式居住区的形成

获得实惠且服务设施配套的土地

住房用地供给不足，可能提高住房价格。缺乏实惠的土地迫使贫困人群居住在靠近工作和交通的非正式居住区，这意味着他们必须面对无产权保障的使用和其他灾害。预期到人口增长的政策应该确保有足够的土地划拨给经济住房建设；地方政府在预期人口增长的地方征购土地，有助于稳定土地市场，防止垄断或者通货膨胀行为。在土地上建造住房需要时间，这意味着提前（例如提前20～30年）对住房需求进行预测是至关重要的。[110]当需求变动时要确保土地的高效出让，并要持续不断地监测市场，防止土地投机。

经济居住区域需要配备基本服务。为未来的城市发展储备土地，需要预测基础设施需求。为干线、社会基础设施和公共交通储备土地，给了管理者足够的弹性来满足未来的需求，例如，在储备土地上拓宽道路，比起从头新建一条公路干线花费要少得多。[111]经验说明，快速增长的城市往往缺乏财政和行政资源，提前进行基础设施建设，为城市的发展铺平道路。克服该问题的专门战略包括：确保连续的土地出让，这样基础设施可以被有效地提供，以及与有助于基础设施提供的开发商合作。当购买土地时，他们必须明确了解出资的要求。

印度孟买，非正式居住区离工作地点和交通很近
© UN Photo/J.P. Lafonte

巴西圣保罗，Jardim Iporanga的排水系统
© Affordable Housing Institute

成功的新方案是需求导向型的。直到20世纪90年代中期，许多改善方案让居民远离工作的地方，为了减少土地成本，也就忽视了将"居住者"作为优先考虑因素。成本回收计算忽视了低收入群体的经济现实，可能导致过于昂贵的基础设施标准。[112]在这种情况下，原本的受益人可能倾向于出售或出租，并且回到非正式居住区。有效的选址和服务方案得益于有技术的市政人员进行的需求导向的设计，与受影响的社区的密切合作。

保证好的可达性，通往可能获得发展机会的地区

提前规划可达性是必要的。规划手段有：规划主要公路干线网络，精心设计连贯的、与现有城市网络连接的街道，能创造经济机会。整合城市结构中非正式居住区的中心。主要交通动脉之间间隔1km，确保未来的公共交通系统对于城市任何位置而言，在10分钟步行半径之内。交通动脉的宽度在20~30m之间，可以容纳机动车、公交专用道、自行车道和人行道。[113]

混合土地利用政策缩短了工作距离。到就业中心的交通，无论是正式或非正式，都可能是昂贵的，加重了最低工资家庭的负担。采用混合利用分区标准，将易于把工作和服务集合在一起，因此减少了通勤需求。印度德里的产业政策允许经许可经营不同类型的家庭手工业。受益于非正式地区，商业可获得劳动力，居民也受益于当地的工作。[114]

巴西乌贝兰迪亚，新的住房计划
© UN-Habitat/Alessandro Scotti

非正式居住区的改善

巴西　马瑙斯

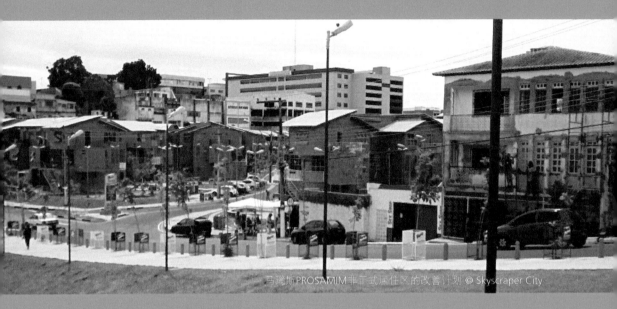

马瑙斯PROSAMIM非正式居住区的改善计划 © Skyscraper City

马瑙斯是巴西亚马孙地区的工业中心。在1970～2003年间，其人口由30万增长了5倍，超过了150万，但是其土地控制机制和基础设施投资并不能支撑这种快速增长。加上缺乏经济住房，无管理的增长导致了非法居住区在内格罗河支流伊咖拉裴河区域的发展。这些居住区经常受到洪水的威胁，没有电、饮用水和卫生设备，由于固体和液体垃圾直接倾倒进河流，居住区的卫生状况堪忧。

这些地区陷入了污染和贫困的恶性循环。架空的住房阻碍了河流，产生了严重的环境问题，蚊群和老鼠的增殖对健康造成极大危害。城市缺乏公共空间，恶臭的河流让周边的邻里社区品质下降。

解决方案

在2003年，亚马孙政府发起了一个三阶段的改善计划，被称为马瑙斯伊咖拉裴社会和环境计划（PROSAMIM），由市政府的协调以及中美洲开发银行支持。地方长官奥马尔阿齐兹强调了改善的整体方法，他强调："**改善工作并不只是物质上的——它也是在提供机会**"。该规划包括连接该区域和城市的路网建设，桥梁的修复，复原区域的海滨公共空间，提供下水道和雨水沟渠系统，并为重新安置的居民新建住宅单元。市政和负责城市规划的州立机构的能力得到了发展。这促进了地方整体发展规划与最近拟定的、城市与环境总体规划的联系，增加了实惠的土地的供给。

第一阶段始于2003年，预计执行三年。根据社会环境成本—效益分析，优先确定推行措施的区域，尤其考虑了人口密度以及社会、环境问题的严重性。伊咖拉裴艾都坎多是一个优先区域，这里的人口密度为115人/hm²，其中31973人生活在洪水线以下，只高于海平面30m。住宅单元用当地可获得的材料设计，预计建在总体规划所规定的地区，并且规定了两居室的单元至少为54m²。该计划还包括商业空间，提供给那些之前在非正式居住区有商店的居民。不允许新住宅单元的所有者对住宅进行改动或加盖，以免对公共空间的非正式占用。新街道的设计提高了可达性，并且与城市经济机会连接起来。伊咖拉裴河岸上的公园除了改善该区域的状况，增加住宅单元的价值，有助于防止重新占用，还促进了水工结构的维护。基础设施包括供水和公共卫生服务，以及有收集、拦截和泵站的排污系统。

社会利益专属区域的设定旨在为居住计划提供可负担土地的供给，使低收入家庭能够使用合适的城市区域。建立了32个协会来表达居民的利益和关切，促进了与社区的密切合作。让住户参与到与居住区选择有关的决策中，极大地增大了社区的权力。

结果

在最开始的两个阶段，动员了4亿美元的投资。到2012年2月，该项目让在马瑙斯的超过60000人收益，通过建设超过7km的道路和桥梁，改善了全市的交通；130km的排污管道防止了每天300万升液体垃圾和3000kg的家庭垃圾向伊咖拉裴河的直接倾倒；超过2000个住宅单元通上了自来水，建立了公共卫生和电力网络。

新建了7个公园，总面积为218802hm²，有助于增加市民的自豪感和乐观情绪。杰斐逊·佩雷斯议员公园如今是城市最有价值的资产。综合措施减少了50%以上的犯罪。

第三阶段预期将通过新的道路和自行车道，进一步改善与周围邻里社区的连通。此外，还将兴建5座公园、社会设施和50km的污水管网。

如何建设城市的韧性并减少气候风险

　　城市韧性的建立增强了城市长期性能的可靠性，使其能经受得起冲击。气候变化是我们时代最具决定性的影响因素，城市在应对该问题中必须扮演核心角色。它们必须这样做，因为城市产生了全球75%的温室气体排放[115]，由于气候变化的影响，包括海平面上升、风暴、暴雨、洪水、干旱、飓风、热浪和其他极端气候事件的频率和严重程度增加，那些居住在城市地区的人们更频繁地经历这些。创建能够应对气候变化需求的城市，在城市规划中构建韧性，缓解风险，降低脆弱性。

海地Gonaïves © UN Photo/Marco Dormino

在城市规划中嵌入韧性建设

将韧性设计整合进城市规划

韧性建设依赖于预测能力和对未来的规划。一个规划如果预期到未来冲击的影响，可以有助于承受冲击，并且在必要的时候重建自身。因此，韧性建设受到当地的管理质量、预测事件和执行计划的能力、信息的有效性以及城市提供的基础设施和服务质量的重大影响。

评估部门的脆弱性，并且为优化空间适应提供基础。脆弱群体不能更好地适应各种变化，并且拥有的资源更少。他们的生活往往是不确定、脆弱的，缺乏产权也就意味着对于任何损失没有补偿。除了无家可归以外，极端气候事件导致人们被迫离开家园，进行迁移。泰国曼谷已经实施了气候变化评估，在《全球变暖减缓行动计划2007~2012》的风险地图中，收集了历史气候事件信息。这旨在减少2012年制定的15%的企业排放。

泰国曼谷的洪水
© Flickr/Sasamon Rattanalangkarn

定性和定量理解各种风险

由世界银行、联合国环境规划署（UNEP）和联合国人居署在城市联盟的支持下开发的城市风险评估，是评估城市风险和识别最脆弱区域和人口（通常是指生活在非正式居住区的）的标准化工具。城市风险评估为定性和定量评估提供了框架，加强了地方政府识别由灾难和气候变化引起灾害的能力；评估专项资产和人口的风险和脆弱性；分析制度能力和数据可用性，通过应用基线—标杆管理方法来评估时间和空间过程，量化城市的脆弱性。

http://www.kcccc.info

韧性建设不是城市规划的附加部分，而是必须部分。只有把复杂城市系统的所有部分纳入考虑之中，才能实现韧性建设。让一个城市富有韧性，包括引导发展远离风险区域，解决非正式居住区的扩展，应对基础设施匮乏和环境退化。与其将脆弱性看作一种需要单独解决的额外问题，应将韧性建设纳入城市规划的主流，使城市受益。

将用于韧性建设的投资整合进更广泛的城市投资中

具有韧性的城市有竞争力，并且可以长时间维持它的优势。通过主动地提高韧性，城市将更能够承受和应对冲击。城市投资的基本目的是增强相关城市区域的功能和绩效。对于韧性的新投资如果旨在通过长期可靠的系统表现，创造有竞争力的城市区域，而不只是缓和风险，那么这

菲律宾马尼拉，经常性的洪水影响到最脆弱的社区
© New Security Beat

种投资将更加有效。与其减少风险成本，韧性建设投资应该为城市区域创造发展溢价。[116]

不作为的代价是高昂的。尚未对极端气候的影响做好准备的城市，可能遭受严重的破坏，需要数十年才能恢复。不作为也就意味着救灾和修复的费用高昂。卡特里娜飓风给新奥尔良和美国其他受影响地方造成的损失估计达到1000亿美元。在菲律宾马尼拉、泰国曼谷和越南胡志明市，由气候变化导致的洪水造成的破坏，其维修成本是巨大的，大约占地区GDP的2%~6%；马尼拉一场30年一遇的洪水可能给现存的防洪基础设施造成9亿~15亿美元的损失。[117]

韧性建设基金应该与城市固定投资相结合。韧性建设应该与城市固定投资相联系。因为在城市区域用于保证韧性建设的资金只是城市规划的固定资产投资的很小一部分，只有让固定资产的总体投资增加对抗风险的能力，这些资金才能因此产生重大影响。为了更好地利用它们，它们需要与预期的将来二十多年的投资相结合，而不只是用于独立地降低风险工程。通过这种方式，这些有限的资金可以为城市产生更大的效益，因为它们可用于提高大型投资对韧性建设的贡献。

增加适应性，减少脆弱性

使适应性成为土地政策和建筑标准的主流

除了导致生命损失，极端气候事件对财产和基础设施都会造成巨大损害，导致大量的经济和生产损失，包括GDP缩水、投资紧缩和更高的商务成本。据估计，21世纪海平面上升变化在0.18~2m之间。印度的孟买和加尔各答、孟加拉国的达卡、中国的广州和越南的胡志明市，这些城市是受影响最大的。1996年的一份研究量化表明，孟买的海平面上升1m的损失为7100万美元。[118]新加坡市中心的大多数地方建在填海土地上，将受到海平面上升的影响，使金融区和其他数百万的基础设施投资处于危险之中。

规划标准应当把降低风险融入城市发展。[119]脆弱区应该根据风险等级进行区分，例如常年遭受洪水的地区，10年一遇洪水的地区等。土地利用和建筑标准应该与这些风险地区相适应，例如定期遭受洪水的地方应该留下一些空地或者保留一些公园和体育设施，保护好树木和植被以收集多余的水分，防止这些地方被占用。在遭受周期性洪水的地方，建筑要求可以包括：房屋建在支柱上，或者禁止人们生活在地面楼层。此外，应该提倡对规划人员的能力建设，以及对当地建筑人员和承建商（包括非正式的）的持续培训。

规划应该引导向非脆弱区发展。因为在安全的地方缺乏土地，城市居住区经常在一些危险区域被开发。土地的价格高昂，让穷人别无选择，只能邻工作和交通地点而居，不顾这些地方可能存在危险。对现有建成区做两倍及以上的规划扩展，并避免投机，可能获得更多区位良好、经济实惠的土地。[120]在扩张增长区域，规划可以引导增长远离高风险地区，例如洪泛区、受海平面上升影响区和干旱区，并鼓励在安全区域实现增长。干线基础设施、路权和公共交通网络的布置，是实现该目标的主要途径。

中国香港，建在木桩上的房子
© Flickr/Ken Yee

让基础设施适应气候变化

基础设施分布和建设标准必须适应当地的风险因素，使道路、桥梁、输电线和管道能够应对极端气候事件。为了应对洪水和海平面上升，对防护设施进行具体的适应性改进，是空间规划可能带来的最主要的好处之一。适应改进不能与排水、供水和公共卫生设施中的基本问题相分离。[121]对于那些没有合适的排水系统的非正式区域，或者排水系统堵塞没得到恰当维护的地方，暴雨可能是毁灭性的。供水不足的地方，饮用水的短缺可能是更为严重的问题，助长了疾病的传播。

整合基础设施和空间规划非常有助于韧性建设。大多数沿海及相关区域的措施集中在通过基础设施硬件应对洪水。根据风险评估调节土地使用是一种具有前瞻性的方法，这可以补充和提升投资的有效性。孟加拉国达卡市加固了河流和水渠堤坝，并且建设了防护墙、水闸和泵站，也致力于解决一些城市的管道侵蚀问题，减少水渠填积和下水道阻塞。该项目是非常有效的，它在1998～2004年间，保护了超过半数的城市地区免受主要洪水灾害。[122]新加坡缓冲区的开发需要新填海造地，这些地方要高于有记录的最高潮位2.25m。[123]在南非开普敦的缓冲区，为开发设立了更加严格的退让线，不鼓励靠近海滨的发展。[124]

受天气干燥和海平面上升影响，干旱和盐水污染导致了城市供水短缺。常见最初的适应性反应包括对减少水消耗的经济激励、日常的供给限制、临时水价、减少泄漏、水压管理、倡导可持续水资源利用的传统做法和节水教育。[125]通过海水淡化、重复利用、收集扩大雨水储存、移除河岸地区的外来入侵植物，可以增加水源的供给。在纳米比亚的温特赫克，通过教育活动让公众接受，通过直接便携机械产生的再生水已经成为该市的主要饮用水源。[126]

孟加拉国达卡，加固布拉马普特拉河的河堤
© Leila Mead/IISD

在地方层面减缓气候变化

把减缓气候变化措施融入空间和交通规划

减少排放的努力始于了解它们是如何产生的。一个详细清单可以将城市产生的碳排放分解到各部门和行为者，量化了碳排放的产生。它为政策制定者提供了基准线，识别出了减少排放的机会。设定一个明确量化的温室气体减排目标是重要的，大多数城市在基准年的基础上提高一定的比例，建立减排目标。[127]例如，国际地方政府温室气体排放分解协议（IEAP）为公共设施、汽车、私有住宅、商业和工业建筑和交通提供了详细的目录分类，排放的分解避免了重复计算。[128]

减排应该包含于空间和交通规划。分散格局密度低，家庭规模大，占用了更多的土地，导致了树木和植被的减少，这减少了大自然吸收二氧化碳的能力。紧凑的城市政策让土地利用合理化，为兼容式增长和保留开放空间创造了机会。混合利用减少了对出行的需求，如果公共交通可以提供相对于私人汽车的时间和成本优势，汽车拥有率就可以得到抑制，从而减少排放。

城市占用了地球陆地的2%，但产生了占总量30%～40%的碳排放。[129]

哥伦比亚，迪克运河附近被淹没的居住区
© UN-Habitat

图5.1 人走多远能产生一吨二氧化碳？

步行 / 自行车	
小型摩托车（汽油）	
小汽车（柴油）	
小型巴士（柴油）	
公交车（柴油）	
铰接巴士（柴油）	

km

资料来源：GTZ

图5.2 纽约的排放

城市范围内的二氧化碳排放，按照部门平均（2007年）

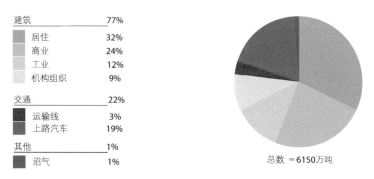

建筑	77%
居住	32%
商业	24%
工业	12%
机构组织	9%
交通	22%
运输线	3%
上路汽车	19%
其他	1%
沼气	1%

总数 ＝6150万吨

城市范围内的二氧化碳排放，按照来源平均（2007年）

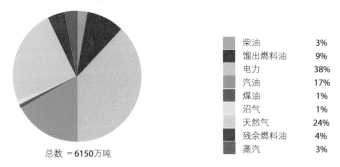

柴油	3%
馏出燃料油	9%
电力	38%
汽油	17%
煤油	1%
沼气	1%
天然气	24%
残余燃料油	4%
蒸汽	3%

总数 ＝6150万吨

资料来源：GTZ "交通和气候变化" 报告（2007），来源于Hook/ Wright, 2002

建筑在其整个生命周期内大约消耗了三分之一的世界能源。快速的人口增长预计将导致建筑存量的增长，在"一如往常"的模式下将会引起更大的能源需求。以能源效率为目标的、地方层面的建筑规定，将有助于减少能源消耗和温室气体排放。选择非能源密集型的建筑材料也能大大有助于减排。

工业产生了一半的城市总排放量。尽管一些工业对能源效率和补偿技术进行了投资，但是它仍然是能源密集型部门，并且是极度污染的。

交通是排放物的高生产部门。轿车、货车、公共汽车使用化石燃料内燃机，是主要排放源，尤其是轿车，每乘客每一千米平均产生了大约125g二氧化碳，只比飞机少5g。[130]

废弃物可以产生四分之一的排放量，其中大部分来自无控制的垃圾焚烧和处理。在墨西哥的墨西哥城，垃圾产生了占总排放量的11%的二氧化碳，在泰国的曼谷为20%，巴西的圣保罗大约为25%。

碳汇与废弃物中的能源获取

城市绿化可以用于碳汇以提高空气质量，减少热岛效应。城市绿化的措施包括道路、空地和新开发地的植树造林计划；恢复和保存城市林和其他绿化地区，以及绿化屋顶。在美国，森林对碳汇量估计为每公顷1.5~6.5吨二氧化碳。碳汇可以长达90~120年或者更多，直到达到它们的饱和点，超过这个饱和点，额外的碳汇就不再可能。即使在碳饱和以后，树木需要存续以维持积累的碳，防止它重新释放回大气中。[131]

碳信用额可以是一种潜在的融资选择。垃圾焚烧发电项目有资格通过碳信用额得到资助。德里、圣保罗、墨西哥城和开普敦已经利用了这一资源。通过出售碳信用额度，圣保罗的圣若奥和克赖斯特彻奇填埋场在它们的信用期末将分别赚取570万和350万美元。然而对于该资格的技术要求和管理程序可能是耗时的，并且对市政人员而言可能是陌生的，但一些城市从中受益的事实表明了该选项的潜力。

在卫生填埋中捕获的沼气可以用作一种能源来生产热能和热水，供应给发电厂用来发电；或者作为车辆燃料重复利用。法国里尔市重复利用从城市垃圾填埋场中提取的沼气来为部分公共汽车提供燃料。

巴西圣保罗班德兰蒂斯厂的沼气生产了7%的城市用电，足够60万人口使用10年。[132] 印度德里的奥卡拉堆肥项目每年减少了大约1600吨甲烷排放，相当于3.4万吨二氧化碳。

印度德里，奥卡拉的堆肥项目
© Flickr/The Advocacy Project

巴西圣保罗，一个废弃物填埋场
© Flickr/Alex Steiner

将韧性建设作为城市扩张的指引

菲律宾 索索贡

菲律宾索索贡市 ©UN-Habitat/Bernhard Barth

　　索索贡市是一个拥有15.2万人口的贸易和商业中心。它位于吕宋省的最南端，在10km宽的一个陆地带上，东西两侧都面对太平洋，平均每年5个热带风暴总是造成巨大财产损失，阻碍日常经济活动。气候变化给这这座城市造成了很大威胁，其中包括骤发洪水、旷日持久的干旱、温度上升和海平面加速上涨。

　　由联合国人居署城市和气候变化工作组（CCCI）实施的脆弱性和适应性评估，表明索索贡沿海地区的64个村庄中有34个容易受到海平面上升、风暴潮、强风和热带风暴的伤害，8个村庄被认为是高度脆弱的，原因是受到多种灾害、贫困、过度拥挤和低适应性的综合作用。该评估估计，在四年期间的两次热带风暴事件给交通、通信和能源设施造成了2000万美元的损失，住房损失大约为2.5亿美元。

解决方案

该评估提供了形成土地利用战略和发展选择的构想。据Leovic Dioneda 市长所言，"……灾害成为索索贡市开启适应气候变化和减灾的切入点，推进了对当地规划的检讨，增加它们对风险的敏感性。"索索贡市土地综合利用规划（CLUP）和综合发展规划（CDP）旨在指导城市向更安全的内陆地区扩展，限制占用高风险区，通过采取灾害风险减少和气候变化适应性措施，保护好目前的建成区域、基本农田和环境资产。

取得成功的一个重要因素就是在更新规划的过程中，地方政府、国家政府机构、市民社会组织和村行政人员代表的参与。利益相关者就提高索索贡市选民适应和减缓气候变化的意识、通过减少能源消耗和使用清洁技术减少温室气体排放达成了共识。为了增强意识，气候变化将被列入大专学校的课程，同时通过当地的广播和电视台开展教育和交流活动。这些活动动员了100名城市职员、5所学校的300名学生和80名城市学家投入到气候变化行动计划中。

索索贡市的主要公共交通模式是三轮车（有边座的摩托车），其中在街上的超过3000辆，并且大约40%有二冲程发动机。为了减少温室气体排放，城市议会最终通过了条例，在5年内把其中的50%替换为四冲程发动机。此外，大约100个传统街道照明器具被替换为高效的LED灯。

结果

据预计，随着土地利用综合发展规划的实施，经过一段时间，2.2万户家庭因气候变化导致的脆弱性将会减少。对住房的适应性改造措施将会提高大约3万户抵御台风破坏的能力，因此每年节约了大约330万美元用于住房重建的花费。通过地方避难所安置项目，或根据城市地方避难所规划，自由重新安置，在高风险沿海地区的定居点将会逐渐被重新安置到内陆。为了使城市扩展区域对于移居者和投资者有吸引力，安全的、非基本的农田将会重新划分为社区开发点，并将得到基础设施投资的支持。

Leovic Dioneda市长曾说："针对气候变化和灾难的地方规划，有助于我们为城市发展创建指引。"

正如Dioneda所说，"针对气候变化和灾难的地方规划，有助于我们为城市发展创建指引。"例如，被热带风暴毁坏的索索贡市政厅，被重新安置到低风险的城市扩展区域。同样在这片区域，地方政府为大约500户非正式住宅家庭的重新安置分配了1hm²的土地，并且计划在市政厅附近为200名城市职员建立住宅单元。一家为700名工人创造了就业的椰子汁工厂已经在这片区域得到了规划许可，为当地的经济发展创造了机会。综合发展规划也在城市扩展区域确定了一个交通终点站、会议中心和教育设施项目。

如何使城市更安全

　　缺乏安全在许多方面对城市有害。犯罪有巨大的经济社会成本，因为它阻碍了投资者和游客，抑制了当地的企业家精神，并损害了社会凝聚力。尽管一个城市的暴力是由多种因素造成的，有明显证据表明，欠佳的城市设计导致了不好的物质环境，这可能增加犯罪。让预防犯罪成为城市行政部门的优先议程，能在协调空间规划、交通和城市设计中起到显著作用，并且协调政策和行动，尤其能减少恐惧、犯罪和暴力。

约旦安曼 © Alain Grimard

了解犯罪的影响

量化城市中犯罪的成本

犯罪是影响社会经济发展的一个主要障碍。它阻止了对内投资、抑制了旅游业，并且导致了技能人员的流失，因此也就减少了合格的人力资本储备——所有这些都对经济发展产生影响。高盗窃率给城市造成心理成本，妨碍了商业精神，并且降低了财产价值。

与GDP成本相关的犯罪统计可以让市政当局意识到该问题的严重性。这种统计在国家层面目前是可获得的。例如，犯罪对整个国家GDP造成代价可能高达25%。仅家庭暴力的成本可能就占GDP的2%。[133]然而，在地区层面理解这种状况，统计数据反映的是相较于城市GDP的成本。

社区参与

安全监控对于预防犯罪是有效的，并且为城市规划者提供了需要解决的安全问题的一手信息，而对妇女的监控能识别出潜在犯罪率高的地方，或者妇女觉得不安全的地方。成功的监控需要地方当局和社会团体的合作，并且致力于贯彻它们。在南非德班的许多社区，该工具对于控制犯罪是有效的。[134]

社区是解决犯罪的关键合作伙伴。例如，加拿大多伦多市政当局为高风险的社区提供了社会发展项目，推进全市范围的犯罪预防。"邻里行动计划"准备与社区、警察和当地教育和社会服务机构合作。这些计划拥有资金和行政资源，从而具有可操作性。[135]

墨西哥，抗议犯罪
© Flickr/Brenmorado

巴西巴伊亚州Itinga的社区会议
© Flickr/Secom Bahia

将犯罪预防融入城市规划

利用城市规划来预防犯罪

城市规划在预防犯罪中发挥着关键作用。利用城市规划来减少不平等和边缘化，以及对非正式居住区街道的干预，是预防犯罪最重要的措施。规划有助于识别犯罪的根本原因，建立政府的地方存在感，有助于建立边缘化群体与机制之间的互信，这是犯罪预防的关键战略。虽然城市犯罪是一个复杂的社会现象，城市规划干预措施可以起到一些作用，例如通过为正规和非正式经济活动创造空间，用一种积极的方式为不同的使用者恢复和维持公共空间，对边缘化的居民提供服务和机遇。

对交通的接近减少了隔离的消极影响。孤立产生了消极的社会经济结果，这可能导致社会的动荡和不安。主要由非就业和待业居民构成的地区，经常不能够支持商业和社会体系，造成该地区恶性循环。

混合利用增加了主动和被动监控的机会。把居住、工作和商业安置在邻里，可以减少公共交通中出现暴力的可能，并且保证了更多的监控。允许全天候的商业活动，例如商店开到深夜，或者通宵咖啡店将吸引路人的活动，提供被动的监控。[136]

公共空间和现有公共设施用于职业活动可以减少犯罪。保养良好的公共空间能够发展出一种认同感和社区归属感，能够有效遏制犯罪。地方学校可以以高性价比的方式为社区活动提供更多必要的空间。开发一些活动课程是关键，巴西桑托斯的"儿童项目"就是一种课后项目，为生活在贫民区的5000名儿童提供教育、卫生和食品。

在贫民区公共空间跳街舞的孩子
© Anneke Jong

像空置建筑物这样的冲突场所可以转化为充满生气的社区设施。将遗弃的建筑用作社区设施，作为社区大规模改善方案的一部分，传递了一种共同改善的信息。在巴西迪亚德玛，一个基于社区的干预增加了居民的安全感，制止了其他人闲荡[137]，在2002年减少了超过44%的谋杀率。[138]

向边缘区域扩展警务服务可以增加安全感，减少犯罪。在许多城市，警察站只服务于正式区域，远离非正式居住区和贫困社区，事实上避开了犯罪。接近警务设施为抑制犯罪的承诺给予了保证。

预防在公共交通上的犯罪

城市设计以及服务频率阻止了与交通相关的犯罪。大多数与交通相关的暴力行为并不出现在他们使用车辆的时候，而是他们在站内和站点等候期间，或者来往这些地方的路途中。[139]把站点设计成24小时有活动的枢纽可以提高它们的安全性，促进人流以及使被动监视最大化。[140]等候区域、巴士站点和出租车停靠站对犯罪者有吸引力，尤其是当它们处于孤立的地点的时候。[141]改善措施包括良好的照明和清晰的方向标识。站点的位置应该靠近建成区域和现有的道路和行人网络。

哥伦比亚波哥大，流动的警务站提高了安全性
© UN-Habitat/Laura Petrella

曼谷的粉红巴士
© Flickr/Philip Roeland

　　好几个城市特别强调女性在公共交通中的安全问题。加拿大蒙特利尔市的"两站点之间"项目允许妇女在离她们的目的地更近的、两个汽车站点之间下车。[142]伦敦的"夜间安全出行"举措成功地减少了无照出租车中发生强奸和性侵犯的次数。这是大伦敦政府、伦敦交通局和伦敦警察厅之间的共同合作。[143]女性专用交通服务是解决安全关切的一种方式。粉色地铁车辆在墨西哥城（墨西哥）、巴西里约热内卢、日本东京高峰时间可供使用，"女性公交"服务在泰国曼谷进行过实验。

通过城市设计减少犯罪风险

通过城市设计减少犯罪

城市设计可以减少社区中犯罪的发生率。犯罪活动在以下地方更常见：照明不足的街道；警车和其他车辆很难到达的，未铺砌山径和道路的地方；空旷的地带，废弃建筑；以及很少有人关注正在发生什么的地方，如人烟稀少的街道、高墙封闭的区域以及大的开放空间。[144]给房地产开发商散发安全设计手册和指引，有助于将安全问题纳入他们的项目。在英国布拉德福德，犯罪预防机制是规划得以批准的前提条件。[145]在澳大利亚、美国、英国和新加坡的许多政府机构都将城市设计作为他们犯罪预防战略的组成部分。

设计应该尊重人类尺度意识和公共空间所有权。适当调整建筑高度和街道宽度比例，可以避免产生狭窄通道或者自然监督非常有限的大道。建筑立面处理和其他建筑特色也能通过窗户设置、商业底层用途和限制朝向行人线路面无窗墙，创造友好的空间。[146]

公共空间设计和维护与犯罪的观念和发生率有直接关系。一种"无人之地"的感觉可能导致衰败。[147]公共空间维护主要是为了预防故意破坏，破坏加剧不安全感并导致无人愿意投资。"破窗理论"提供了证据证明，在废弃空间比那些得到合理维护的地方，更易于引起更多数量的犯罪行为。良好的维护也能减少对新设施的投资。

英国Shrewsbury的公交站
© Flickr/Calotype46

法国里昂，公共空间
© UN-Habitat/Laura Petrella

提升安全的城市设计要点

• **照明**是让开放的公共空间感觉更安全的一种主要方式。一般情况下，最好有更多的照明设施以及更低的电压；步行道、后巷和夜晚进入公共空间的路线应该有良好的照明，以让有正常视力的人可以在10m远的距离就能识别出一个人的脸。[148]在停车场、建筑物入口或者去往公共交通站点和车站的道路上应该有更多的照明。那些不鼓励人们进入的道路和区域，应当保持无照明。同时应该考虑可能的照明障碍，如茂盛的植被或灌木，并保证对这些照明设施进行恰当维护。

• **被动监控**。公共空间和绿化区域的设计应该通过让街道眼数量最大化促进被动监视（如路人），包括建筑朝向、建筑入口位置、窗户、停车场和行人网络以及底层利用的设计。闭路电视（CCTV）监视设备的安装有助于减少在停车场的交通工具犯罪。[149]

• **人行通道**应该避免断头路和隐蔽路线，例如地下通道和隧道。它们应该得到良好照明，如果可能的话应该配备抗破坏的街道设施。只要可能，它们应该与主要街道网络和现有的行人线路连接。不安全的路线应被具有良好标识的其他道路替代。[150]

• **视线**。由于急弯、墙、柱子、栅栏和茂盛的自然景观以及其他盲点导致不能看清前面到底是什么，可能让人们感到不安全。[151]考虑可见度的设计应该预料到这些，以及其他可能的障碍。

交通和社会基础设施的整合

哥伦比亚　麦德林

哥伦比亚麦德林 © UN Habitat/Laura Petrella

　　在城市制造业（主要是纺织业）的刺激下，麦德林的人口在1951～1973年间翻了三番。快速的移民导致了在城市山丘陡坡发展了一些非正式居住区。由于可达性差，这些居住区与正式城市地区所在的山谷很难连通。在诸如圣多明哥和奥罗拉这样的地方，公共投资非常有限，导致了非正式、混乱和服务不足与日俱增，使这些地区成为臭名昭著的犯罪场所。

　　麦德林政府准备了一个整体计划来解决可达性、包容性和安全性问题。该综合方法的一个关键因素就是，同时建设Metro缆车交通系统和靠近车站的社会基础设施，诸如图书馆、学校、体育设施和公共空间等。

解决方案

　　Metro缆车系统由缆车构成，与非正式居住区所在地区的特殊地势相适应。作为一种创新的和经济实惠的解决方案，Metro缆车最早已纳入到了《麦德林发展规划2001》中。从Sergio Pérez市长，到 Sergio Fajardo市长，再到Alonso Salazar市长都让该项目得以延续，至2008年建成了3条Metro缆车线。政策的一致性是成功的关键因素之一。如今的市长Aníbal Gaviria（2012～2015年）说："只有连续管理的同步化，才能实现真正的城市转型。" Metro缆车由Metro出资，它是由安蒂奥基亚省和麦德林市政当局共同组建的公有公司。圣多明哥的K线于2004年开始营运，一共有2km，平均攀升坡度为20°，服务了23万居民；到奥罗拉的J线有三个站，距离超过2.2km，服务了29.5万人口。

　　建设很迅速。例如，L线只花了16个月建设，预算2300万美元，票价是0.6美元，并且能换乘地铁系统。10人的车厢每隔12秒钟就到，每小时的单向运输能力达到3000人。该系统每天耗电6000kWh；为了防止断电，设计使用柴油发动机运行。提供城市基础设施并不只是交通运输这么一件事。Gaviria 说道："整体性解决城市问题的措施比起部门行动更有可能解决问题。"他补充说道："把交通与公共空间和社区设施进行整合，在麦德林证明是一种有效的准则。"

　　空间平衡是发展规划的一个关键目标。由Metro制定的社会战略是保证社区意识和获得社区支持的首要工具。社区居民参与整个规划和执行过程，有助于消除社会排斥的既有印象，创造一种归属感和邻里自豪感。

结果

　　Metro缆车被当作是麦德林城市再生的一个象征。作为一种极少数的、作为公共交通使用的空中缆车系统，Metro缆车减少了圣多明哥居民到市中心所花的时间——该行程在过去乘小巴士要花两小时，现在只需要7分钟。改善了出行条件，促进了就业和社会整合，商业活动增加了400%，并带动了Metro缆车周围家庭经营小企业和餐厅的兴旺。有证据表明，土地价值和租金有所增加，银行也在该地区开设了分支机构，旅游成为意想不到的重要的收入来源。就业、商品和服务的进入，使得在2003～2004年间暴力事件减少了79%。

　　在圣多明哥站地区，有一组公共设施，以西班牙图书馆为特色。它是一家很大的公共图书馆，每天有1000名访问者。还有Cedezo的分支机构，是为微型企业提供建议和指导的公共中心。公共空间的升级和新公园的建设是项目重要的组成部分，使人均公共空间增加了2.5倍。原有架线塔的街道按照交通缓减措施被重新设计，如今超过3km的街道有宽敞的人行道以及超过1000棵新种植的树木。Gaviria 市长说："Metro缆车并不是一次性的干预措施。它完全整合进了城市的发展战略和交通规划。"最后，该整合使交通一票制系统成为可能，这减少了家庭每个月100美元的交通预算，2011年为社会节省了接近800万美元的经济价值。环保方面，Metro缆车通过减少在陡峭狭窄道路上运营的、过时的、维护差的公交使用，减少了悬浮微粒、二氧化碳、温室气体和其他污染物的排放。这每年减少了大概两万吨二氧化碳排放，使城市可以通过排放权交易筹集部分运营成本。

城市规划如何产生财政资源

　　由于快速的城市增长加剧了市政预算的压力，缺乏资源可能导致混乱的空间格局。如果没有足够的财政手段，地方政府不能保证城市发展所需的改造支出，更不用说引导城市发展。为所有人提供城市服务，同时要把税收维持在个人和企业可承担的水平上，这样的挑战强调了获得各种资源的重要性。在这种背景下，拥有较强城市规划、高度参与的市民社会及合作伙伴的城市，更能够调动资源；比起没有方向的城市更具有可投资性。获取城市扩张和更新中释放的价值，是地方领导利用他们城市的每一个机会巩固资源的一种方法。

基贝拉贫民区，内罗毕，肯尼亚 © UN-Habitat

让地方资源基础多元化

评估所有潜在的资源

中央税收的重新分配往往不足。从国家政府的转移支付包括：拨款补贴；国家和一些地方省级机构税收的地方部分（包括增值税）；以及特定项目的预留款项。从中央向地方层面的转移支付通常不足以提供充足的资金，城市倾向依靠这些转移支付弥补他们税收征收能力和地方开支之间的缺口。如果理想的话，中央转移支付应该让市政当局及时可用，以让他们准备好他们的预算。在许多发展中国家，不幸的是，事实并非如此。中央转移支付年年波动，迫使城市不得不在财年中对它们预算做全面调整。

房产税和对经济活动征收的税收是地方收入的主要来源。这些包括收入、销售额、消费税和共享税，以及由市政当局提供服务的使用费。税收的有效收集是一项艰巨的任务，因为经常缺乏实时更新的记录、大量开展的非正式居住和无组织以及非正式经济活动。当中央政府负责征收房产税时，他们对快速发展城市所持有的记录可能是过时的，因为对数据的日常更新成本太高。然而，当部分房产税收入重新分配回城市时，由过时记录导致的损失对市政预算可能有深远的影响。市政税收的关键是有效征收系统；收费应该可靠及时以便于家庭进行计划，一个方便的支付地点有助于解决拒不支付的情况。

地籍是收税的关键工具。地籍是管理增长和收税必要的长期工具。没有地籍，现有的财产和非正式经济活动可能承担更多的城市税收负担，而新的、富裕的开发区逃避了税收。私有财产价值的上升，可能是公共改善的结果，但是因为陈旧的纳税清册和无

表7.1 按照区域分的中等城市的本地政府债务（选取73个城市样本）

区域	美元/人
非洲	27.9
拉丁美洲	763.8
亚洲	210.1
欧洲	1001.9
最低：刚果，布拉柴维尔	1.6
最高：瑞士，洛桑	6254

资料来源：Carmen Bellet Sanfeliu and Josep Maria Llop Torne (2003), Looking at other urban spaces: intermediate cities, discussion paper, UIA-CIMES and University of Lleida, Spain

能力对财产进行重新评估，却很少让城市得益。为每个建筑分配地址的系统可以作为一个临时选项，包括绘制街道网格，为每一块占用的土地指定地址编号。为了征收房产税目的，应该对建筑物的正面宽度进行测量，以估计税收征收级别。

波哥大地籍管理

1997年，哥伦比亚波哥大地区地籍管理部门开始更新地籍，对173.5万处房产进行了更新，其中的10.2万处合并到新类别中。以地籍为基础，价值增加了32%。通过计算认为，该地区每年将获得额外2400万美元的房产税收入。虽然城市花费了大约400万美元用以更新，但成本效益相当显著，因为这项投资只是一次性的，而产生的额外资源却是永久的。

资料来源: Bustamante and Gaviria[152]

公共土地是获得资源的关键资产。评估地方政府所有的土地，保持对其范围记录的更新，应该是优先考虑的事项。对影响土地价值和向市场及时让土地能力的规划章程的控制，增加了公共土地的战略重要性，并把开发权作为一种有价资产。土地可以通过出售或一定时期内的转让成为公私合营企业的股权。进行重大改造工程的城市，可以对公有土地进行完全控制，或提前收储土地，能够影响到城市发展模式。

使用费应该平衡绩效和关切公平。使用费经常设定在低于成本补偿的水平，因为这将允许更贫困人群获得服务，以及作为一种对使用特定服务的激励（例如公共交通）。为了增加成本回收和平衡账目，可使用交叉补贴计划，或者通过增加对服务供应商的转移支付以激励这些行为。让更多人遵守，克服不交费的做法，需要有效的记账和收费系统、情绪的最小化和意识的建立。

肯尼亚内罗毕，地籍信息是城市转型项目的关键
© UN-Habitat

清晰的投资和公共交通支出计划增加了居民的配合。当居民能够明白收费是如何使用的，并与当地重大改善项目有清晰关联时，手续费和其他费用的收取就能够得到巨大改进。为公共投资决策建立一个清楚的机制，并允许居民参与，可以对收费的重要性有更多的理解和配合。

利用金融市场

城市可以通过多种机制利用金融市场。对许多城市而言，利用国内和国际资金并不容易，它们并不总拥有贷款能力。保证投资具有足够的成本回收和回报，以偿付债务可能并不简单。城市的信用等级并不总是有效，预知的风险可能让借贷更加昂贵。然而，市政当局仍然存在一些选择和机制让他们能够利用金融市场。

获得授权借债和发行债券的城市，应该足够意识到其中包含的风险，这些风险在经济下行期可能是实质性的。来自新开发的增值税收入预期可能在一定程度上，或者在预期时间期限不能实现。在这种情况下，地方政府被迫发行一般责任债券来弥补差额，从而产生了新的债务。同时，新建项目对公共服务提出了需求，这需要运营和维护成本，这些成本不能通过TIF（租税增额融资）债券收益覆盖。对开发商收取影响费用，对于加快私人投资步伐的

表7.2　利用金融市场的机制类型

金融机制	目标	特征	例子
特殊的金融媒介（独立、独资公司）	大规模的城市项目	没有借贷权利的地方政府通过这样的媒介从金融市场上借贷	中国
地方政府发展基金（MDF）和地方政府金融机构	资本投资	可以利用金融市场的中央政府机构，并借钱给地方政府	哥伦比亚（FINDETER）
社会投资基金（SIF）	旨在社会发展和减少贫困的旗舰项目	管理公司或其他组织借贷给低收入居民和小企业	巴基斯坦（Acumen Fund）
税收增加金融债券（TIF）	为金融自给自足项目发展的前端成本融资：混合使用项目和商业及办公园区	用项目额外税收收入的利润偿还债务	美国

资料来源：由多种资料整理得到

需求是南辕北辙的。发展中国家的城市不能够利用该资源，因为缺乏借款能力或者缺乏信用等级。

让非正式部门向城市财政资源基础做出贡献

非正式部门可以对财政资源基础做出贡献。市政当局正在寻求途径把非正式部门融入资源基础，因为非正式经济是地方经济的重要部分。登记摊贩并且为他们提供运营权将有助于整合这些部门，使城市能够更好的监测和促进它的经济活动。一个常见的机制就是对非正式区域和商业街沿线的小贩收取摆摊和市场台位的固定杂费。

汇款可以用于为基础设施和社区融资。创建侨民协会、地方当局和社区组织之间的合作伙伴关系，能够为目标项目筹资。例如在菲律宾，波索鲁维奥地方政府鼓励大量居住在海外的居民为公共工程项目汇款。波索鲁维奥如今是菲律宾最发达的乡村中心之一，并且是该区域纳税最高的地区之一。

小额贷款可以让非正式居民和企业家参与到城市发展中。小额贷款制度如果为以家庭为基础的经济活动提供贷款，那么它将在更新非正式居住区中发挥重要作用。在印度艾哈迈达巴德，45%的人口居住在贫民区，市政当局改善了提供基本服务的基础设施，而SEWA Mahila信托向住户提供了信贷，覆盖他们的入户费用。通过这种合作，在5年内超过40个贫民区拥有了自来水和良好的卫生，这减少了婴儿死亡率，并且经济活动有所增长，贫民区的犯罪率也有所下降。

肯尼亚内罗毕，手工业市场需要收取执照费
© UN-Habitat/Cecilia Andersson

通过城市规划增加投资吸引力

为投资者和家庭创造价值

拥有一个规划是投资利益的一种资产。规划旨在为发展创造稳定的条件,并且它是管理发展的一个关键工具。通过制定规划,城市能够显示它有一个有效率的和前瞻性的治理体系,这对于争取投资是无可估量的。当寻求合作伙伴和出资人的支持时,规划可以用来推销城市。而能够掌控城市发展框架,引导城市化和促进经济增长的领导者可以用它:

- 促进地籍记录的渐进更新;
- 通过市场校验基础设施需求;
- 优先考虑战略节点并且了解应给予何种奖励措施;
- 准备好传达了地方发展设想的市场资料,用来吸引投资者的长期注意;
- 创建一个区域协调框架,避免市政当局之间的竞争。这可以是正式的,如通过一个区域发展机构开展,或者是非正式的,行政辖区之间举行定期会议来讨论需求和优先考虑事项。

城市在使用激励措施的时候要具有战略性,并且实事求是。并没有公认的证据表明,税收减免和免除营业税会自动促进投资,而激励措施应该避免创造一系列条件成为投资的唯一吸引力。评估长期维持激励的能力对于防止投资转移是至关重要的。城市领导者,必须与其他城市合作建立激励措施,因为相邻管辖区之间的激励竞争可能导致土地价格和劳工标准的下降。市场准入、稳定的社会—政治环境、商业经营便捷、基础设施和公共事业的可靠性、技术的可用性是选择开展业务地点时一些最重要的因素。例如,企业非常重视政府能够建立一个单一办公室,用以提供内部投资、简单的营业执照和协助服务。

空间规划激励措施

- 将土地整理进单一所有者的大地块中,为投资者引导的项目实现关键的土地聚集;
- 基础设施改善,包括通信、道路、水和卫生的可获得,以及港口、机场和火车站的可达性;
- 工业和商业园区的设施用地应该合理定价,靠近交通设施和受工业欢迎的其他特殊需求;
- 对目标行业的新兴企业提供经济实惠的工作空间,鼓励聚集、协同效应和创新。

中国的经济特区成功的关键因素

自从1978年国家实行改革开放政策，促进外资贸易和经济投资之后，经济特区（SEZs）是中国发展的主要驱动力。据估计它们贡献了2007年全部GDP的18.5%，60%的全国出口量，46%的全国FDI和4%的全国就业。经济特区具有以下特征[153]：

灵活性和自主权。 经济和政治自主权以及立法权使经济特区能够通过广泛的地方法律法规，包括调整税率、建立开始类似于开放经济体的劳动力市场。

单窗口服务。 管理自主权让经济特区能够保证经营许可在24小时内得到批准。

投资激励。 这些政策非常积极，包括对政府所有土地制定有吸引力的定价、特许的税率、税收减免以及对外商投资的大量免税（税率15%，而不是国内的30%）、快速通关、允许利润汇回、免进口税和出口免税等。事实上，在中国所有这些政策都是全新的，并在逐步实施。

有效的基础设施系统， 包括道路、港口、通信技术、水、能源和排污等。

区位。 许多经济特区靠近港口开发，以便于与国际市场连接，这种战略布局获得了来自中国香港、澳门和台湾省的投资。

战略性地使用公共投资

通过规划，城市可以降低投资者的成本，增加资产的价值。对公共资源合理投资以及管控好土地出让，可以为投资回报创造积极的环境，使资产保值。土地利用政策保证经济住房以及提供就业和社会服务的基础设施，将提升社会资本，促进凝聚力，减少社会动乱的可能性。相反，缺乏规划可能导致拥挤和公共空间被忽视，这可能引起土地价值下滑，基础设施恶化、更少的税收收入和投资回撤。

提高可达性对土地价值的影响立竿见影。在空间规划中，综合交通系统政策和公共投资能够持续不断地增加土地的价值。消费者和工作者到达商店和工作地点的能力，在区位选择中扮演着主要角色，并且提升了土地的价值和吸引力。这些增加的价值可以用于基础设施投资，使地方政府收回投资成本，支付运营和维护开支，并且在某些情况下，用于拓展交通网络。

从城市扩展和更新中获取价值

了解如何获取城市的价值

可以要求开发商支付新区的基础设施费用。当开发商要求获得开发许可时，可以要求他们为该地区的基础设施付费，可通过出售土地弥补成本。也可以要求开发商直接建设基础设施，或者把基础设施成本支付作为开发许可的一部分。这些广泛应用于满足城市基础设施扩展需求。它要求清楚的规划条例、基础设施提供者的支付能力以及连接开发商、基础设施和公共系统的能力，例如道路和公共事业主干管线。在埃及的开罗，中央政府转让了6.94亿m²的荒漠给新城市社区管理局（NUCA）以供应预期的城市化需求。在2007年，NUCA以31.2亿美元拍卖出了这些有基础设施服务的地块，超过了基础设施投资成本。这些钱的一部分用于建设高速路连接新城与开罗环城公路。

可以对基础设施项目引起的土地增值征税。"土地增值税"是指对交通和道路建设以及改进工程相关的、预计土地价值增加（通常在30%～60%之间）征收的一次性税。然而，如果增值额按一块一块地来进行评估，这些税收很难管理。更好的方式是根据投资项目按区域或全市进行计算。哥伦比亚波哥大为公共工程融资超过10亿美元，包括街道、桥梁和排水系统改善，但所有投资均考虑了支付能力，用5年以上的时间进行偿还，并且是全市性的，这些行动减少了公众阻力。

哥伦比亚波哥大，"价值获取"为公共工程融资超过10亿美元 © UN–Habitat/Laura Petrella

公共土地的出售可以获得公共投资的利益。城市主要高速公路项目周围的土地可以转让给公私合营的开发公司，之后通过土地抵押进行借款，为建设融资，之后再出售这些土地。这使市政当局能够完成大型基建工程，而没有财政损失。在中国，长沙市建立了一家公共控股的环城公路公司来建设价值7.3亿美元的高速公路，而市政当局转让了道路两侧总共3300hm²土地。一半的高速公路成本通过这种土地租借权转让筹资，另一半通过对土地改良后未来预期价值抵押贷款筹得。在土地私有的城市，该方法要求公共部门首先取得土地。与土地占有者和其他购买方达成社会协议是关键问题。

出让开发权替代出让土地。地块的开发权取决于城市规划的规定。它随着农村土地向城市用地的转化而引入，并且根据规划而变化。在一些地方，土地开发权包括更高密度建设的权利；也就是说，增加正常允许之外的额外建筑面积。例如，巴西圣保罗出售了城市指定发展轴心附近的额外建设权来为公共投资融资，例如适合高密度开发的交通枢纽地区。在法利亚利马大街，土地的价值从公共投资前的300美元/m²增加到之后的7000美元/m²，市政当局以630美元/m²出售了410hm²的开发区域中225万m²的建筑面积开发权。

房产升值的税收可以资助社区改善。"连接费（Linkages）"是对开发商超过商业建筑面积最高水平以上的项目收取费用，可以在12年期限间支付，以资助贫困社区的社会项目。在美国波士顿，该收费用于补贴经济适用房的建设和提供职业培训，20%的连接支付被要求用于开发工程附近的地区。厄瓜多尔昆卡发起了一项社区改善项目，根据地块沿街长度对业主收费资助该项目，这些资金具体用于支付给公共工程的工程师和建筑工人。

为价值获取和共享制定规划纲要

没有规划，事实上获取城市价值是不可能的。城市土地价值由土地规划定位、基础设施和其他有价值的土地资产（例如自然风光）决定。只有存在一个城市规划，明确土地用途以及一个地区的未来发展、自然资产保护和公共物品等内容，才有可能拥有一个可预测的市场决定土地的价值，建立公共投资和土地价值之间的联系。规划明确了适合把农村用地转化为城市用地的区域，指明了优先区域，在该区域通过透明的程序获取土地价值，能够加速该区域的发展。规划也为建立透明的收费和标准，以及开发、建设许可程序提供了框架，这使收费成为可能。各种形式的价值获取需要一个通过地方立法制定的、合法的城市规划框架以及相应的规则，作为保障。

让价值获取进入法律流程，需要稳健的规划框架作为保障。为了挖掘土地价值增量，由专项投资或工程带来的利益需要在该区域（又叫"受益区"）的空间上进行明确的分配。良好设计的城市结构和土地融资体系加强了城市土地市场的效率。

掌握价值获取模式需要能力，并且对市场要有实际的了解。价值获取的水平和机制应适当并合理可行。它不应抑制发展，同时必须寻找机会使土地供应和市场需求同步化。获取的方法可能是复杂的，并且需要良好的管理能力。如果对贯彻规划和投资的行政管理能力缺乏信任，先于发展的价值获取可能是有害的。

图7.1 土地价值创造的良性循环

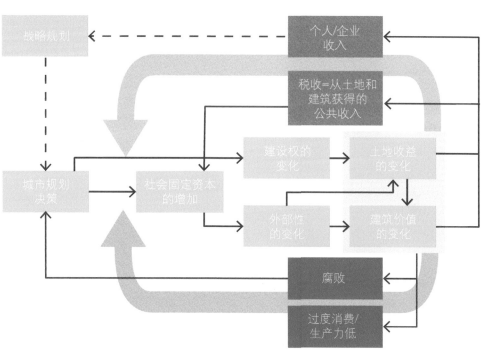

资料来源：由Roberto Camagni资料整理

空间规划工具创造财政收入来源

索马里　哈尔格萨

哈尔格萨是索马里的主要城市，它正在经历严峻的城市发展挑战。20世纪90年代的内战之后，监管真空导致了这片土地上的纷争和暴力冲突，而快速的人口增长以及之前难民的返回对城市的基础设施造成相当的压力。对土地所有权信息的缺乏以及提供基础服务的财政资源匮乏阻碍了市政当局规划的能力，这导致了无规划的城市扩张。

收集与更新空间和土地所有权信息，发展市政当局能力，建立税收收入来源，对于解决无规划的城市发展，改善非正式地区的条件以及防止土地纠纷，进行土地信息管理是至关重要的，应该是地方政府优先考虑的问题。

解决方案

为了创造用于公共市政工程的收入来源，在联合国人居署、联合国开发计划署和欧盟委员会的支持下，哈尔格萨市政当局在2004年开始建立一个土地和房产数据库，并发展了分类和清单列表的方法。房产调查准备了一年的时间，其开展起来快速并且成本效益高。数据存储在地理信息系统（GIS）数据库中，以便于快速检索和绘图，使地方政府能很快地开展税收工作。数据库由所有建筑的大比例地图组成，并使用高分辨率的图片，链接了一些数据，如地块大小、建筑占地面积以及通过实地调查和采访房产使用者所收集到的用途信息。

数据库为城市规划提供了重要的信息，例如土地利用图和人口估计，把建筑物作为计算的代替量。这使地区领域边界能够建立起来，促进了规划的实施。利用该数据库，规划办公室能够估算出哈尔格萨130万居民中22%生活在非正式住房。利用该系统，地方当局每年都可以制定房产税账单——每个都配有房产照片——以及周围的地图，并把它们分发给五个辖区办公室。经培训的辖区工作人员根据实地不断地修正账单信息，并且GIS支持办公部门根据需要更新数据库。家庭在支付时将得到一个收据。房产调查和GIS数据库开始于2004年7月，结束于2005年3月，成本为4.85万美元（每处房产为0.82美元），不包括设备，如个人数码助手PADs、办公电脑和软件，但是包括卫星影像。

数据库是模块化的，在某种意义上它可以扩展为一个完整的地籍系统。初始模块使房产税的征收非常快速，但是不能用于法律用途和土地纠纷——它是一个税收地籍，不是一个法律地籍。作为第一步，它的合并和扩展，需要有能够执行的市政章程，落实到位的政治意愿和成熟的制度，以及通过合作和交换信息以创建稳健规划的意愿。需要克服的关键障碍是对税收计划的普遍抵制态度。意识提升活动对于改变态度是有用的，但是没有比可见的改善更加引人注目的，例如使用税收去升级道路网络——这是纳税人的优先选择。该系统的可持续性需要克服的关键挑战是填补维护和更新数据库的成本。为了确保连续性，市政当局必须寻找方法去支持工作，直到市政员工可以不需要依靠外部的技术和资金运用该系统。固定市政运营的程序，对于使部门能够使用和扩展数据库是必要的。

结果

空间信息数据库以及房产税计划使地方政府能够增加税收，从2008年的6万美元增加到2011年的28.27万美元。

自从2006年GIS系统开始运用，征税的房产比例从5%增加到了45%。在数据库筹备之间，该市登记了15850万处房产。现在，该数据库由5个区的5.9万处房产的信息组成。

地方政府在当地社区的捐助和合作下，新建了超过40条道路；建立了8个新市场和两个警察站，并为孕妇健康中心预留了一块土地。

如何分配投资

　　增加城市收入只是一方面，而另一方面，理智地分配地方资源至关重要，尤其是当它们十分稀缺而又有很多需求的时候。为了发挥作用，对于城市投资，从项目评估到结果评估，城市需要一种综合性的方法——城市规划对其有一定的帮助。不进行协调的部门项目，尽管其自身可能是成功的，但是无法实现那种连接战略性的、优化的资本项目所能达到的，变革性的影响。城市规划和投资项目之间的协调、项目的系统优化、责任性和透明度，以及把预算作为提高绩效的催化剂，对于最有效地使用市民的税款是很必要的。

中国上海 © Flickr/Tauno Tõunk

协调城市规划和投资

推敲城市规划以获得更有效的基础设施投资

把空间和基础设施投资一起处理有明显的优点。一个好处就是当解决长期持续、多方面的问题时，能使投资响应迫切需求。基础设施投资促进城市化，而空间规划提供了前瞻性的需求面管理。一个城市的空间结构决定了需求的区位、集中度、分布以及性质，这影响了基础设施体系的设计。因为它为基础设施体系的设计、能力极限和技术选择以及各种选择的经济可行性建立了物理和经济参数，空间规划能从与基础设施规划的早期互动中受益。实施可行的预算，运用起来更加有效，更能节省时间，并且能够减少供给预测和实际需求之间的不匹配。

空间规划可以提高基础设施的成本效益。主干基础设施的成本对于城市空间形态尤其敏感。[155]低密度通常意味着更长的自来水和污水管道。减少到服务中心的距离，可缩短输送干线长度，并降低成本。空间规划为优化产出提供了有价值的信息。投资随时随地发生，而关于密度和土地使用政策的正确决策有助于更早地对投资进行清偿。在美国很多地方，11户/hm^{2}的地方基础设施成本（年度资本和运营）比32户/hm^{2}的高30%。[156]在英国，70户/hm^{2}的密度地区比22户/hm^{2}的密度地区节省了63%的费用。[157]

> ### 有助于优化投资的空间选择
>
> - 通过重新开发空闲的、遗弃的或者未充分利用的地区来优化密度；通过管理，使现存基础设施的容量最大化。
> - 确保紧凑格局中，零起点开发能够使所需要的网络基础设施量最小化；设定最佳的密度值；当决定新开发区的时候，应考虑中心设施的位置。
> - 避免城市结构外区域不连续的增长，除非这些节点能够自我持续，而这要求工作和住房供给的平衡。
> - 促进土地利用的紧密混合模式，使道路基础设施需求最小化。

基础设施网络影响空间规划。如果说基础设施不能永远影响城市，那至少可以影响数十年。而决定在哪里铺设基础设施影响发展的方向，进而影响对城市土地需求意愿和该区域的土地价值。基础设施规划应该遵从最理想的空间结构选择，而不是先于其进行。整合空间和基础设施投资规划有利于投资回收，因为它能够促进获取土地增值的价值。

通过将关于实施的知识置于上游，让计划从一开始就更具可实施性

较早地将实施诀窍融入空间规划，可以节省时间和资源。 在城市规划和生产活动的链条中，直到实施之前，规划都仅仅停留在理论上。从规划之初就完善实施注意事项，包括技术可行性、管理选择和财政资源，这能提高规划和执行之间的适合度，增加关联性，缩短实施时间和减少成本。芬兰图尔库与世界可持续发展事务委员会进行过合作，它聚集了许多领衔的城市服务企业，这些企业转让了一些关键领域的发展趋势和成功要素的知识，包括交通、物流和能源供应，从而共同开发新的方法，并加快行动。

设定优先级别，对需求做出响应

建立一种排序的方法

划分清晰的规则是排序的基础。应该明确一个框架，对决策过程的所有方面进行细化，在一开始就达成一致意见。这可能包括：

- 在过程的每一步为利益相关者指定责任
- 考虑确定符合资格项目的类型
- 评估地方财政能力，明确融资选择

城市基础设施投资设计和排序工具组合

该工具组合由亚洲城市发展中心（CDIA）开发，用以帮助整个亚洲各市政当局在城市基础设施规划、排序和设计中，更好、更有组织地开展工作。它促进了过程的第一步，从项目意愿清单改进为可以被呈送给融资人和开发商的项目决选名单。

资料来源: CDIA. http://cdia.asia/wp-content/uploads/User-Manual-Generic-version-2010.pdf

优先次序促进了从意愿清单到决选名单的转变。意愿清单包含了所有满足资格的项目。这些项目应该在城市层面上，根据它们与城市战略一致性进行前期筛选，与地方政府预算能力进行比较，根据其满足的标准的数目进行排序。利益相关者的参与将让选择过程更经得起市场检验。

重点项目选择的标准

- 与城市的发展战略一致
- 完成在建项目
- 是城市的义务
- 基础设施需要
- 社会、经济和环境的影响和收益评估
- 城市部门、其他机构、社团和利益相关者的推荐
- 使用预算外财政资金的可能性
- 公共设施不足的社区的需要

在确立优先次序中采用参与式的方法

参与式预算旨在确保投资有实际的效果。它既考虑了居民眼前的需求，也考虑了地方当局所确定的长期投资需要。居民在社区层面会议中对该地区的优先事务进行投票（如住房、教育、街道铺设），并且为了使过程更具可操作性，他们选出代表。代表根据每个需求获得的支持程度，以及基础设施和服务不足的现状，审阅需求并对优先投资项进行排序。基于这些流程，市政部门起草最终预算稿，并呈报给地方当局以获批准。

自1989年起，巴西阿雷格里港一直是参与式预算的开拓者

关键的成功因素包括[158]：
- 政治意志和领导力——由市长发起这个过程；
- 强大的社区组织，以及团结和维持参与行为的真实公民利益；
- 制定每个预算周期都遵循的、清晰的规则
- 分配人力资源来运作参与式预算过程。

参与式预算可以增加责任感，并且促成一种更加平等的发展模式。传统低收入群体对城市没有发言权，而参与式预算引入了更加透明的管理方式。即使参与者只能决定资本投资份额的分配，这个系统也已经证明它促进了更平等的发展，减少了贫困。如果其透明地执行，该过程可以减少腐败；和平的基于信任的市民风气，而不是基于对抗而盲目反对的风气，将使城市对投资更具吸引力。

参与式财政管理需要大量的人力资源，并且由于它们容易受地方政治的渗透，而在实施中可能遇到挑战。巴西200个自治市引入了参与式预算过程，覆盖了所有的资本投资，其范围占总预算的5%~15%。高技能的人力资源的重要保证，以及高水平的管理能力使其成为可能。文化适应性的公众参与具有大量的实现途径。至少，小型社区会议可以决定优先的需求，解读市政预算，讨论拟议计划，以及通过讨论或投票建立优先次序。

参与可以用来对居民解释避税的影响。这是一个很重要的机会，地方当局可以与社区讨论，财政资源匮乏，以至于难以满足所有需求，以及税费对于覆盖服务成本的重要性。无论是在大型的公众听证会或者小型的社区会议上，应该抓住每一个机会强调避税和抗税的消极影响，并且指出其产生的原因（不合规的不准确的账单，征收过程欠佳，贪污和诈骗的实例）。

制定一个资本投资计划

资本投资计划为桥梁、道路、水和污水处理系统等资本资产的预期投资做了详细的说明。前一年没有获得资助的项目成为接下来一年的出发点，而新认定的项目将添加进该名单。随着每年一次的计划修正，资本投资计划按这种方式滚动。南非茨瓦尼城制定了大量的资本预算，其包括了通过咨询过程明确基于社区需求的战略目标。

资本投资计划的好处

• 使最重要的项目与最恰当的资金来源相匹配

• 在决策过程中整合利益相关者的投入

• 建立透明和有效的程序，分配各种来源的地方收入

• 制定实用的财政战略，把地方财政纳入市政管理

• 强调项目的相互关联，应该进行统一规划和更好地实施

成本和收益核算促进了绩效评估。全世界大多数公共部门的财政预算和会计报表的拟定和报告仍然以现金收付制为基础，这不利于他们对绩效评估的应用，使用收入—花费核算使焦点从存取款交易转移到了财政（成本和收益）。有较高技术和管理能力的城市引入了资源消耗作为优先次序的一条标准。

通过透明度和问责制加强绩效

问责制和透明度有利于城市运行

问责制是良好治理的基石，要像强调财政一样强调透明度。选民和纳税人对更大的问责制的要求，给公共部门可用的财政资源施加了约束限制，对于改善地方财政管理施加了政治压力。使用简化的绩效信息，让社区参与其中，有助于让市民参与到塑造他们社区的过程中，这点在巴西圣保罗和哥伦比亚波哥大有明显的体现。

采购中的透明性有助于良好的绩效，防止基础设施投资决策受到腐败和徇私的影响。一个系统性的方法能够保证公平的选择过程、真正的监督和细致的执行。这也就意味着进行采购改革，并且从一开始就使合同透明安排。独立审计、价格表公示和发布年度活动报告，特别提及如何改善对穷人的服务，这在项目实施后是很必要的。

把预算作为一种绩效工具

让运营和资本开支分离是必要的。绩效欠佳的基础设施资产是许多发展中城市的关键问题，因此应该对资产的状况进行连续不断的监控。基础设施会随着时间流逝而折旧，效率下降，但是如果直到其状况达到危机水平时才对其进行维护，那么城市的机能效率就会受到损害。然而债务常常使这些资产得不到持续的维护，也使管理职责无法充分地运行；市政预算的所有项目应该分为运营预算的经常性开支（固定成本、工资，或有的债务还本付息）或资本投资开支。这种分类至关重要，因为它们的资金来源明显不同。

巴西的财政责任法

在巴西，1988年宪法框架下州和市政府的特权地位加强了市长和州长的作用。然而，这些宪法保障导致了城市管理不善以及市政公债增加。2000年5月通过的财政责任法案文件要求按照财政目标、债务和成本控制强制执行多年预算，并且引入了预算平衡原则以及动员自有资源的激励措施。法律将用于人事的开支限制为市政预算的60%，要求教育开支不少于25%。它限制了资本开支的融资借款，留出足够的储备弥补长期财政债务的增长。为了保证透明度，根据法律公众有权获得财政和预算信息。

资料来源: Serageldin, M. et al, Assessment of Participatory Budgeting in Brazil, 2003

为转型计划融资
中国　上海

中国上海 ©UN-Habitat/Julius Mwelu

　　1992年中国政府提出把上海建成世界金融和贸易中心，成为全球经济的门户。实现该设想需要大量基础设施投资，这促使当地政府广泛地挖掘财政资源。

　　在接下来的20多年里，上海经历了前所未有的城市转型。城市基础设施得以升级，大量投资被用于发电站、供水和排污系统，以及改善垃圾处理设施。除了开展城市更新项目，环境退化的区域也实现了再生，并且建设了大量的绿地。

解决方案

　　1999～2010年城市总体规划是整体转型愿景和决定投资优先次序的关键。根据《城市规划法》(1990)，城市规划成为中国城市的一项法定要求，并且城市政府负责规划条例的筹备和审批。划归城市化的土地、批准土地的出让、发放施工许可、执行国家和地方的法律的权力，使当地政府能够掌舵上海的城市发展。城市总体规划在中心城区建立了五个功能中心，为混合用途发展创造了重大机遇。土地使用权改革和灵活的土地分类使不动产高涨。依托那些有重要工业基地或者毗邻主要干道的郊区城镇，建设卫星城，它们在吸纳农村劳动力转移中发挥了重要作用。上海在城市发展规划编制方面有悠久的传统，可以追溯到1931年第一份规划的起草。地方规划局在其后运用规划工具时借鉴了这些经验。新版城市总体规划的起草开始于1992年，在经过咨询和地方认可以后，由国务院在2001年批准。

　　接下来面临的问题是，一方面所需的投资量巨大；另一方面地方财政十分有限。2008年，中央政府提供了仅2%的固定资产投资资金。一些国有企业(SOEs)被建立来为交通设施和公共事业设施建设筹资。国有企业建立了控股公司，在上海证券交易所上市，并且能够从商业银行获得贷款。在供水和废水处理部门，从1990年开始的价格渐进改革使收费从几乎为0增加到了2008年的15亿美元。对产生收益的基础设施的投资，如高速公路、供水和污水处理，通过授权、租赁、合资协议和其他公私合作关系得到了保障。例如，向私人投资者转让高速公路收费运营权，为高速公路网络建设筹集了65亿美元。能源和公共事业的投资是促进经济活动发展的优先考虑事项。1990年，能源部门集中了基础设施总投资的60%。一旦保证了不可或缺的能源供应，对该部门的投资到2008年逐渐收缩到了总投资的7%。之后的投资重点转向了公共交通网络，为保证在城市总体规划中预见的城市扩张能够实现。交通投资占总投资的份额，已从1990年的15%，上升到了2008年的48%。对公共工程建设的投资在1995～2008年间仍然保持稳定，大约占总投资的三分之一。

结果

　　上海多样化的融资方式使2009年的市政收入达到1990年的14倍之高。当地政府将每年人均基础设施投资从1990年的40美元提升到2008年的1341美元。随着浦东新机场的建设、虹桥机场的整修以及洋山深水港的建成，上海的国际连通性不断增强。上海轨道交通从1996年开始运营，如今为425km长，成为世界上运营里程最长的交通系统之一。通过环城公路、高架公路和桥梁以及黄浦江跨江隧道的建设，市内的机动性进一步提高，人均道路长度在2000～2008年间翻番。污水管道系统的长度也同期翻番。排污设施和卫生填埋场也通过公私伙伴关系得以提供。

　　接下来，注意力逐渐转移到了环境问题，包括空气质量改善和绿地的提供。苏州河曾是上海市中心一条被污染的水道，也实现了环境恢复，河畔公共空间区域几乎翻了三番。

如何建立伙伴关系

　　能够与公民、私有部门和其他层级的政府机构构建良好的伙伴关系是城市获得支持和动员各种资源的一种方式，从而更好地实施地方规划和提供市政服务。利用其他各方带来的资源，不仅意味着获得资金，也意味着获得项目所需的技术和管理技能。与社区组织的合作可以调动居民的活力和资源，并使项目得以更快地进展。

与市民合作

获得参与的基本权利

居民的参与产生效率。接受社区参与也就意味着接受这样一个观点，即有效解决城市问题是一个极其复杂的任务，任何地方政府靠他们自己是无法完成的。市民对他们所居住的城市非常了解，并且对如何改善提升有自己的想法。经验表明，挖掘这种"社会资本"对商业气氛、减贫、服务提供以及透明度有着积极影响；然而，从其他城市引入成功的案例需要根据当地特征进行仔细调整。

社区参与减少了规划失误的可能性。没有社区的参与将导致不成功的政策、不周全的规划决策以及失败的投资。这也意味着基础设施和城市服务短缺不能得到有效解决。低效、贫困和低住区对城市领导者有效管理的形象有负面的影响；它们破坏了公众信任和为选民的异见埋下了根源。城市规划将获益于以下参与过程产生的想法：

- 需求导向政策，增加了公共资源的影响力
- 增加公众对地方政府的信任以及对政府活动的意识
- 更加合作的气氛

让参与制度化促进了监督和连续性。有效地整合参与途径需要资源分配，包括员工能力建设。一旦经过测验和提炼，制度化过程将有助于巩固参与途径，并防止受到党派和地方选举周期的影响。协调政府部门间行动的参与手册和清单，成功实践的文件以及知识迁移，是使参与途径制度化的额外资源。

印度尼西亚，社区参与对城市规划产生了积极影响
© UN-Habitat

把参与融入到空间规划中

城市发展战略使地方行动者参与其中，并明确关键行动。 战略性城市规划让地方行动机构参与到全市的评估中，制定长期愿景，并且确定关键的"战略推进力"；任务组可以通过行动方案把这些推进力付诸实践。让利益相关者参与其中，可以产生部门间的协同效应，否则其可能被忽视，因为磋商本身不需要任何地方政府法定权力授权。在这个过程中可能出现的问题就是它们可能变得冗长，并且需要持久的承诺，并且它们可能失去动力，尤其是在实施阶段。

把性别因素考虑到城市规划中有积极的影响。 在发展中国家，女性是重要的财富创造者，然而在公共决策中，她们的声音却很少被听到。从女性角度的空间和经济发展举措往往带来整个家庭状况的改善。性别清单是融合女性观点的好的方法；磋商、安全审计、社会筹划会议和设计专家研讨会或者工作坊，可以用来了解女性的知识，并提出有效的解决方案。

需求导向的方法能够使住所和服务有所改善。 升级过程灵活化可以让社区相信他们，这保障了更大的项目影响力。让社区参与到升级工程能够减少成本，并且与传统的承包商承包的工程相比，质量也会更高。例如，印度孟买的社区会议就挖掘出分开男女厕所和提供通水卫生设施的需要。新的设计不仅满足了社区需求，还增加了一些设施，如儿童厕所、独立小便器、私人浴室、排队等候空间以及管理员房间。[159]

与社区的合作能更好地应对灾害。 经常暴露于风险中的社区对自然灾害如何影响他们的家园有非常详尽的认识。社区组织可以进行风险计划演习和通过工作坊宣传成本—收益好的行动，包括明确保护区和推荐可负担的材料建设坚实的住所。与高风险居住区的社区合作能够增加灾后救济的效率。然而社会动员并不是救济计划的替代，社区的外展服务有助于减少死亡率以及低收入人口遭受困苦的程度。

与私人部门合作

探索合作方式

解决城市化的挑战不能离开活跃的私人部门。公私合作（PPPs）是基础设施项目不可或缺的资产。这些合作有各种各样的模式，参与者可以根据初始投资、维护成本、管理、所有权和其他事项的不同情况发挥不同的作用。通过民间金融计划，英国伯明翰与一家城市服务公司建立了25年的合作关系，以维护2500km的道路和10万个街道灯位。

建设—经营—移交（BOT）是最常见的模式。私营伙伴负责设计和建造、融资、运营和维护，并承担与项目相关的商业风险。在整个特许期公司拥有项目的所有权，而在期末项目转交回给政府，经常是无偿转交；公共部门进行监管，以确保它符合政策、规则和社会经济目标。该模式对于公共部门的好处在于，它不仅可以利用私人资本，也能利用私人企业的专业技术和管理效率。

公私合作结构的成功归根结底是对政府、赞助商和使用者影响的理解。这些包括资本成本，其在发展中国家可能更高；通胀，因为高速增长的市场常常经历高水平的通胀；货币危机，因为许多基础设施项目收入和开支用地方货币结算，也相应要求提高当地货币的债务和股本；需求危机，其要求政府在项目的早期给予支持。[160]

与私人部门的合作需要一个稳健的法律框架。合作的先决条件是建立一个稳健的法律框架，以及创建一种有利环境，以增进投资者的信心，减少风险并且为提高投资绩效创造条件。这可能使地方政府能够为特定部门获得基础设施资金。例如，中国的青草沙原水水库和上海的分配系统吸引了20亿人民币的保险基金作为160亿人民币总投资的一部分。

与其他政府实体合作

与其他市政当局联营

市镇集团能够获得池化融资。与单独的市镇相比，市镇集团的规模和管理能力使它们能以更好的方式获得资金。当宏观经济条件允许时，发展中国家的城市将找到机会，联合利用资金来源；在新兴经济体，中央政府的参与增强了地方当局以优惠条件获得资金的能力；在较贫困的国家，捐赠者通过建立发展基金进行支持，发挥了催化剂的作用。如果没有制度和经济的激励来形成战略同盟，城市之间的合作将极富挑战。

更广区域的规划和合作有助于和谐发展，提高收益。城市如果同意与相邻城市合作制定更大范围的规划，能够更好地协调发展决策、税费机制，在某些情况下，能成功限制不必要的投资，并使工程项目的作用最大化。在意大利艾米利亚罗马涅区，多市规划用来确定关键投资的区域，以最合适的方式获得投资，而不是形成城市之间的竞争。以这种形式获得的费用、利润、收益通过参与城市之间的共享基金实现共享。通过这种方式，促进了城市之间的合作而非竞争。这使土地消耗减少，并增加了土地开发的平均收益。

与其他城市的合作可以增加单个的地方政府的能力。由于城市可利用的金融工具往往主要由国家和政府立法机关决定，市政当局可以利用针对他们需求的规定。城市联盟可以成为一个重要的战略，来增强单独地方政府的能力，因为它产生了在国家或区域层面有用的集体的声音。例如，南非地方政府协会（SALGA）通过影响法律框架，使其最好地与地方发展议程匹配，扩大了地方政府的利益。洪都拉斯的Mancomunidad Zona Metropolitana Valle de Sula聚合了20个城市，涵括250万总人口，成为能够利用资本市场的信用单位。

尼泊尔，参与式规划
© UN-Habitat

把参与式预算和空间规划联系起来
巴西　贝洛奥里藏特

巴西贝洛奥里藏特的一个市政公共建筑 © Belo Horizonte Sec. Municipal de Planejamento, Orçamento e Informação

　　19世纪90年代晚期，贝洛奥里藏特被规划为一个花园城市，如今它已经是一个拥有240万居民的充满活力的城市区。尽管一些居住区拥有较高的生活水平，非正式居住区在不足5%的行政区中聚集了20%的人口。这些居住区大多数在风险倾向区域，并且过度拥挤，缺乏排水系统，只有非常有限的基础设施和服务。1993年，贝洛奥里藏特开始让居民加入参与式预算（PB）过程中，来增加规划对人民生活的影响。

　　2009年以来就担任贝洛奥里藏特市市长的Marcio Lacerda 说："拥有发言权源自城市的权利"。他回忆道："我们很快发现我们必须采取一种增量方法。"增量反映在对结果和对市民反馈的持续监督上，意味着政策能够一年一年改善，目标调整，行动与合作伙伴的工作更匹配。"我们采取的整体性方法是一个关键的成功因素，" Lacerda 说，"因为它使我们能够关注眼前的问题。"为了使方法制度化，地方政府把年度预算和中长期空间规划部门进行整合，将二者合并在一个议员之下。

解决方案

采取的第一步措施是把城市区域划分成81个规划单元，允许对每个区域可以进行政策微调。规划单元根据1996年总体规划、物理屏障、用地模式以及城市肌理的连续性进行确定。2000年采用的城市生活质量指数（IQVU）有助于市政资源的空间分配。IQVU基于规划单元，通过可获得的商品供应、水供应、社会援助、文化、教育、体育、住房、城市基础设施、环境、卫生、城市服务和安全方面的数据计算得到。地理信息系统使过程得以及时监控，并能够以引人注目、系统的方式传递给公众。

参与式预算分为：1.针对基础设施和服务投资的，行政区域范围的参与式预算；2.电子化的参与式预算，始于2006年，通过对战略性公共工程投资进行网上投票，做出决策；3.聚焦住房的参与式预算，以决定社会住宅的投资。社区要求编制特定的总体规划，在住房参与式预算的背景下进行编制，作为地方微观规划，它寻求贫民区朝着规范化渐进式改善，并且整合进正式的城市地区。推进该过程的关键是"conforças"，它是在PB会议期间选出的市民委员会，它监管已获认可的措施的实施，并选择基础设施在线上PB中进行投票；而先于PB投票的全市巡回会议"caravanas"，普及了现状情况。

Lacerda市长回忆道："行政惯性是前十年间需要克服的障碍。"从自上而下"为市民规划"的观念转变为"与市民一起规划"的观念，需要内部重塑。参与式预算由每年一个周期变为两年一个周期，以达到与行政管理能力的匹配。他继续说，三项行动有助于开展该工作："我们需要克服市民察觉到实施进度慢时的失望；提高与地方政策的协调，考虑到城市不同部分的不平衡发展；增强市民建言献策和监督项目从酝酿到实施各阶段的能力。"

结果

从1993年起，区域范围的PB有超过37.3万参与者；从1996年开始，通过超过3600名居民的参与，住宅PB制造了6600个住宅单元；从2006年开始，总共有超过28.5万居民都助城市设定了战略选择。超过4万市民参与到2009/2010年预算过程中。到2011年，PB批准或执行了1413个项目，包括基础设施、社会住房、公共空间和休闲区、学校和文化中心卫生中心。

"参与式预算创造了全市的正能量浪潮"——Marcio Lacerda市长

得益于PB过程和空间规划之间的协调，84%的人口到达PB布局的公共投资的距离不到500m。特定的总体规划让超过30万的贫民区居民（城市总人口的71%）受益。Marcio Lacerda市长说道："参与式预算创造了全市的正能量浪潮。"他的政治联盟获得了四个连续任期，意味着良好的规划决策能够带来可观的政治利益。

如何知道你正在
产生影响

监控进度和记录相关条件的变化，对于了解一个城市是否在实现目标和保持各方参与的轨道上来说尤为重要。这可以通过对城市规划的相关性进行评估以及对分配效率的绩效评估来实现。一套指标有助于判断状况是否相对于基准得到了实际改善。而如果过程是开放的并且结果是被公正报道的，那么监控能为创造和增强社区规划承诺带来重要的机会。

美国纽约 © NYC Economic Development Corporation

设定指标

确定什么应该被监测

建立定量和定性分析的基准是整个过程的出发点。获得基准信息具有挑战性，尤其是对于发展中国家来说，许多指标如经济生产力、生产总值在国家层面很容易获得，但是在各个城市层面较难获得。在地方一级建立统计部门是奢侈的，并非每个城市都负担得起，这些情况进一步强化了谨慎选择指标数量的必要性。

指标既与规划如何实施，又与规划的影响紧密相关。基本的指标可以衡量规划实施情况，包括土地使用，建筑许可证的数量，资源投入，以及基础设施的提供量。规划的结果可以由密度、混合使用、私人和公共使用的土地数量、交通条件和产生的税费等指标进行衡量。常见的影响指标包括经济活动类（就业或失业率、空置率、人均收入、生产率）；社会指标（教育水平、识字率、不平等测度，如基尼系数）；环境指标（空气和水的质量、耗水率、污染水平）。直觉性指标是衡量公众满意度非常重要的晴雨表。

表10.1　城市指标的种类

实施	结果	影响
●城市化土地	●密度	●人口
●建筑许可	●混合使用	●GDP
●预算分配	●人均土地消耗	●经济活动指数
●建造的基础设施、交通和干线设施布置的长度	●人均建筑成本	●社会指标，包括教育
●分配给公共使用的土地，包括街道	●每人平均居住面积	●健康
●公共空间的收益（或损失）	●街道连通性	●基尼不平等指数
●公共住房建设	●公共交通的使用	●参与指标
●完成的升级项目	●平均速度	●生活质量调查
	●行人和自行车的人均空间	●认知调查
	●人均公共空间和公园	●住房负担能力
	●建筑空间开放比例的变化	●在非正式居住区的人口
	●能获得服务的人的百分比	●环境绩效指标——排放、空气和水的质量
	●土地价值的变化	●消耗指标——能源、水、产生的废物
	●税收	●犯罪率
	●废物回收	
	●废水重复利用	
	●产生的能量	
	●投诉	

资料来源：作者

为监测创造支撑环境

监控需要有坚实的数据基础。可靠连续的投入必须转换为可读的信息。城市切不可低估需要分配给监测过程的专门人才和资源。

有限数量的指标效果更好。最好设定能够实际测量，并且容易被非技术人员理解的有限数量指标。例如，纽约市的规划有40项指标，分为10个类别：住房和居民区、公园和公共空间、交通、水道、供水、棕地、能源、空气质量、固体垃圾和气候变化。

表10.2　联合国人居署城市繁荣指数

维度	定义/变量
生产力	生产力通过城市产出衡量，它由资本投资、正式或非正式就业、通胀、贸易、储蓄、进出口和家庭收入及消费之类的变量组成。城市产出代表了某年度中由城市人口生产商品和提供服务（附加值）的总产出。
生活质量	该指标是三项分类指数的综合：教育、健康和公共空间
基础设施发展	该指标综合了两项分类指数：一项是关于基础设施的，另一项关于住房
环境可持续性	该指标由三项分类指数构成：空气质量、CO_2排放和室内污染
不平等和社会融入	该指标结合了收入及消费不平等统计量（基尼系数）和获得服务和基础设施不平等的统计量。

资料来源：UN-Habitat (2012) Prosperity of Cities. State of the World's Cities 2012/2013

美国纽约设定了40个指标来度量它的物质表现
© Flickr/Erik Daniel Drost

以色列特拉维夫，能量消耗监测被作为减少排放的
指标之一 © Flickr/Feministjulie

根据目标和时间表进行评估

需要对进程进行长期和短期评估。城市可以通过数据对目标进度进行评估，这些目标可能需要许多年才能实现，由目标确定的该进度可能是20~30年。但是领导者、选民和规划者需要了解是否取得了实际上的进展，以及是否需要做出必要调整。这可以通过设定年度时间表实现，并能提供关于趋势的信息。

评估使城市能够进行基准比较。基准参照将城市绩效和其他城市的进行比较。它除了是与成功基准城市的沟通工具以外，也为哪些区域需要改善提供了标准。通过完全的分析，基准管理可以为得分低区域的发展政策的制定提供基础。

基准研究的案例

- 国际人口统计组织住房负担能力调查
- 经济学人智库生活质量指数
- 经济学人智库全球生活成本调查
- 全球化与世界城市研究小组（GaWC）世界城市指数
- 仲量联行公司城市治理指数
- 万事达全球商业中心
- 美世咨询生活质量调查
- 美世咨询全球生活成本调查
- Monocle杂志全球生活质量调查
- 西门子绿色城市指数

表10.3　城市目标和阶段目标，纽约规划

类别	标准	2030年目标	2010/2011年阶段目标	趋势
棕地	清理纽约所有被污染的土地	对于可能被污染的地块，降低这些收取空置税的地块数量	1500~2000	中性
		对于纽约每年修复的地块，增加这些收税地块的数量	0	中性
固体废弃物	将75%的固体废弃物从填埋场中转移出来	75%的废弃物从填埋场转移出来	51%	中性
公园和公共空间	保证所有纽约居民步行10分钟内能到达一个公园	85%的居民住在距公园1/4英里远的地方	74%	向上

资料来源：http://www.nyc.gov/html/planyc2030/html/theplan/sustainability.shtml

提出可持续发展目标：可持续的城市和人类居住

总体目标：促进城市环境可持续、社会包容、经济效率和韧性。

目标：

1. **国家城市政策：**采取和实施包容性国家城市发展政策，以在不同政府层级协调部门和行业之间的行动，实现可持续城市发展、地区团结和城乡联系；至2030年采取这一政策的国家达到50%。

2. **城市扩张：**到2030年，实现全球城市用地覆盖增长率减半。

3. **公共空间：**城市应进行基于场所和两性平等的城市设计、土地利用和建筑章程，把公共空间增加到城市土地面积的40%，达到这个标准的城市数量到2030年要增加50%。

4. **住房和贫民区：**作为逐渐实现适度居住的一部分，到2030年使居住在城市贫民区的人口数量减少一半，但不通过强制拆迁实现。

5. **公民参与：**到2030年，城市居民在地方选举中投票的比例增加到60%或以上，并且增加在公共事务中使用参与式预算的城镇比例。

6. **城市安全：**到2030年，使城市暴力犯罪率下降一半。

资料来源：UN-Habitat (December 2012)

7. **创造城市就业：**城市应该采取和实施特定和包容的政策，通过创造就业，尤其是针对青年人和妇女，以改善城市居民的生活。到2030年达到这个目标的城市数量要增加50%。

8. **城市交通：**到2030年，要使城市居民在市区出行的平均时间和开支减半，使用安全、经济实惠的公共交通，安全、有吸引力的步行和骑行设施的比例翻倍，交通事故导致的死亡和重伤减半，每年源于机动车的空气污染导致的早亡人数减半。

9. **城市能源：**到2030年，城市使用可再生能源比例增加30%，可回收城市垃圾的比例增加40%，确保所有人能够使用可持续能源，在所有公共建筑中提高能源效率50%，居住建筑中提高20%。

10. **城市水源和卫生：**到2030年，普遍、公平地获得安全饮用水，使城市未处理污水和无管理固体废弃物减半。

11. **城市韧性：**采取和实施政策和规划，整合多部门措施加强韧性建设，达到这个目标的城市数量到2030年增加20%。

注释：从2015年起，可持续发展目标将替代千年发展目标（MDGs）。最终版本的目标在出版时仍然在讨论之中。

在决策过程中反馈

评估必须支持决策

评估让领导者知晓什么政策产生了影响，以及可能需要什么资源。评估需要与规划和预算很好地联系起来，才能有意义；评估能使规划作出响应，因为如果评估认为应该对规划进行扩展或重构，也就能作出相应的规划决策。

监测可以提高跨部门的交流。落实整体规划的关键障碍是单干的倾向。这可能导致阻碍信息共享。结合跨部门指标，用以描述监测，一共同目标的内部交流工作可以引导部门更开放地共享信息。

做好监测能使城市长期受益

监测可能构成挑战。忙碌的地方政府可能没有时间（或者意愿）去了解和接受监测以及评估。监测可能被认为是外部单位（如国家政府）强加的义务，没有考虑到地方设计和落实它们的能力，也可能是因为监测并不是地方政府最优先的需求，尤其是监测和评估在该地没有明显的后续应用。

致力于监测必须坚持不懈。评估可能得出负的分数，这对组织领导能力和它的决策可能是一个直接挑战。在这种情况下，能够看见可信的监控系统的长期利益，并且超越隐藏度量的短期做法的领导者将会使城市受益。

肯尼亚内罗毕，市政府部门间会议，有效的部门间交流促进了监控和评估 © Ndinda Mwongo

缺乏支持将有损监测。缺乏决策者和员工的承诺，限制了监控和评估过程进入和应用。的确，缺乏政治意愿和墨守成规是监测和评估在许多城市被缓慢采用的原因。监测进程可能由于城市领导者的忽视而被放弃，在这种情况下，市民可能把监测看作一种失败的工作。一旦被贴上这样的标签，就很难重新引入该过程。

通过评估建立公信力

地方政治中的公信力是以绩效评估为基础的。在竞争性的地方政治中，绩效可能用来批判反对派实施的政策。看待数据资料可能有许多视角，负责人保持他的独立性，对于监测过程的公信力是非常重要的。并且，在行政周期中保持连续性，有助于建立可衡量的公信力。这转而形成了对领导者的信任和对选民的确定。

长期目标和短期影响

美国　纽约市　纽约规划

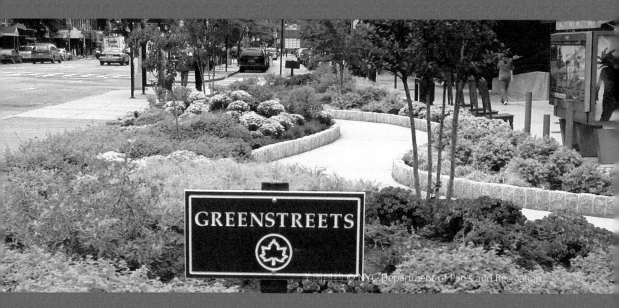

GREENSTREETS

© NYC Department of Parks and Recreation

　　在2005～2006年，纽约市长迈克尔·布隆伯格意识到，出于以下几点原因，纽约市需要制定整体的战略：人口正在增长（与20世纪最后25年的人口下降相比）；城市的物质基础设施没有得到与人口增长同步的标准维护；城市需要应对气候变化。市长对这些问题的意识和他的领导能力使许多不同机构参与到2007年启动的纽约规划工作中。

　　纽约规划关注改善城市的物质机能。它在十个领域建立了具体的长期目标和短期时间表：住房和邻里；公园和公共空间；棕地；水道；供水；交通；能源；空气质量；固体垃圾；气候变化。对于每一项，规划确定了负责实施的机构、他们的合作伙伴以及资金来源。

解决方案

布隆伯格说："对于你衡量不出的东西，你不能实施管理。"纽约规划成功的关键是给每个关系领域清晰地设立了具体目标，"当我们应对主要挑战时，纽约市致力于进行精确测量，纽约规划由各种度量引导，以便我们可以追踪我们到主要目标的进度——并且确保我们正在实施最有效的战略。"

在住房和邻里方面，目标是为差不多100万人建设房屋。在公园和公共空间方面，将确保所有的居民生活在离公园10分钟步程之内。通过清除所有的污染土地，重新利用合适的土地；改善水道的质量，恢复滨海生态系统并且为娱乐休闲提供空间；确保一个高质量和可靠的供水系统；扩大公共交通选择，并确保它们的可靠性；减少能源消耗并且使能源系统更清洁更可靠；实现美国所有大城市中最高的空气质量标准；重新处理填埋场里75%的固体垃圾；减少30%以上的温室气体排放；增加社区、自然系统和基础设施应对气候危机的弹性。这些都是纽约规划的目标。

有相关的可持续性指标跟踪实现这些目标的进度。然而，规划将花20年完成，绩效每年进行测量。跟踪进度确保了致力于实现长期目标，并且明确短期应该做什么。年度报告显示了已经达到的和需要进一步努力的目标。这都加强了可信度和透明度。纽约规划从2006年起开始制定，直到2007年地球日才启动。纽约规划中的132项措施由所有相关的地方政府机构与利益相关者磋商制定，这些利益相关者确定了责任、时间表和预算承诺。每年4月份发布一份年度进度报告。

结果

纽约规划产生了实质性的影响。127项措施中超过97%在规划开始后的一年内就启动，并且时间表中差不多三分之二在2009年就已经实现或差不多实现。建设或维护了超过14.1万套经济适用房。规划条例采用了20多项交通导向的计划，将使87%以上新开发区域配备公交换乘；建设了超过200英亩的公园，超过52.5万居民住在离公园10分钟步程内；计划种植超过60万棵树；为行人创建了新的公共空间，包括在时代广场，有助于吸引游客和居民，并且减少行人伤亡。

温室气体排放比2005年水平下降了13%。让现有的建筑更加节能的法律，使对私有建筑进行了超过100项节能改造，力求在2017年时减少30%的温室气体排放。超过30%的出租车现在是"绿色"的。并且颁布了逐步淘汰使用污染燃料供暖的条例。纽约规划进度报告公开承认需要改进的地方。市政府行动最关键的障碍是在政策领域，联邦或州的法规阻止市政府的创新。尽管市政府与联邦和州政府密切合作，并且总体上拥有相似目标，但是在如下领域，如交通基金、能源供应管理或暴雨管理标准，联邦或州政府的权力高于城市的权力。地方法律要求纽约规划每四年进行更新，以确保不同程度的连续性，并根据未来的管理进行更新。规划更新暗含的要求是对将要发展变化的环境有一个认识。规划的这种演变能力实际上使纽约规划更加牢固。未来的市长将需要一些自主权塑造属于他们时代的纽约规划。

注 释

1. UN-Habitat (2003). The Challenge of Slums. Global Report on Human Settlements. Nairobi: UN-Habitat.
2. UN-Habitat (2003). The Challenge of Slums. Global Report on Human Settlements. Nairobi: UN-Habitat.
3. UNESCO. (1999). Intermediate cities and world urbanization. Available: http://www.unesco.org/most/ciudades.pdf: Accessed: 16 July 2012.
4. UN-Habitat (2011). Cities and Climate Change. Global Report on Human Settlements. Nairobi: UN-Habitat.
5. UN-Habitat (2011). Cities and Climate Change. Global Report on Human Settlements. Nairobi: UN-Habitat.
6. Angel, S. et al (2010). Making room for a planet of cities. Cambridge: Lincoln Institute of Land Policy.
7. Riser, J. and Franchini, T. (2008). International Manual of Planning Practice. The Hague: ISOCARP.
8. Angel, S. et al. (2010). Making room for a planet of cities. Cambridge: Lincoln Institute of Land Policy.
9. Angel, S. et al. (2010). Making room for a planet of cities. Cambridge: Lincoln Institute of Land Policy.
10. Witherspoon, R, et al (1976). Mixed-use Development: New Ways of Land Use. Washington D.C.: ULI.
11. Smart Growth Principles: http://www.smartgrowth.org/engine/index.php/principles/mix-land-uses Accessed: 20 January 2012.
12. Stephenson, K., Speir, C., Shabman, L. and Bosch, D. (2001). The Influence of Residential Development Patterns on Local Government Costs and Revenues. Available: http://ageconsearch.umn.edu/bitstream/14833/1/rr010051.pdf.
13. Kockelman, K. (2010). Transportation and land use solutions for low-carbon cities. Paper presented at the NSF's U.S.-China Workshop on Pathways to Low Carbon Cities, Hong Kong Polytechnic University, December 13-14, 2010.
14. Transportation Research Board, National Research Council (2002). The Cost of Sprawl. Washington D.C.: National Academy Press.
15. Kockelman, K. (2010). Transportation and land use solutions for low-carbon cities. Paper presented at the NSF's U. S.-China Workshop on Pathways to Low Carbon Cities, Hong Kong Polytechnic University, December 13-14, 2010.
16. Angel, S. et al (2010). Making room for a planet of cities. Cambridge: Lincoln Institute of Land Policy.
17. OECD, Organisation of Economic Cooperation and Development. (2006). Competitive Cities in the Global Economy. Paris: OECD.
18. Marchetti, C. (1994). Anthropological invariants in travel behaviour. In Technological Forecasting and Social Change, No. 47, pp. 75-88.
19. Carruthers, J, Ulfarsson, G. (2002). Urban sprawl and the cost of public services. Environment and Planning B: Planning and Design 2003, vol. 30, pp. 503-522.

20. Frank J. (1989). The Costs of Alternative Development Patterns: A review of the literature. Washington, D.C.: The Urban Land Institute.

21. Blais, P. (1995) The Economics of Urban Form. Toronto: Greater Toronto Area Task Force.

22. Organisation of Economic Cooperation and Development (2010). Cities and Climate Change. Paris: OECD.

23. European Environment Agency (2006). Urban sprawl in Europe. The ignored challenge. Copenhagen: European Environment Agency.

24. Organisation of Economic Cooperation and Development (2010). Cities and Climate Change. Paris: OECD.

25. Asian Development Bank (2011). Green Cities, Livable and Sustainable Cities in Asia. Manila: Asia Development Bank.

26. Carruthers, J. (2002). "Evaluating the effectiveness of regulatory growth management programs: an analytical framework" Journal of Planning Education and Research 21, pp. 406-420.

27. Carruthers, J., Ulfarsson, G. (2012). Urban sprawl and the cost of public services. Environment and Planning B: Planning and Design 2003, vol. 30, pp. 503-522.

28. Ladd, H. (1992). Population Growth, Density and the Costs of Providing Public Services. In Urban Studies, vol. 29, No. 2, pp. 273-295.

29. Ladd, H. (1992). Population Growth, Density and the Costs of Providing Public Services. In Urban Studies, vol. 29, No. 2, pp. 273-295.

30. Transportation Research Board, National Research Council (2002). The Cost of Sprawl. Washington DC: National Academy Press.

31. London Development Agency (2010). Quantifying the impact of LDA public realm and green infrastructure investment. http://www.lda.gov.uk/ Documents/Public_Item_03.1_-_ Qantifying_Impact_of_LDA_Public_ Realm_Investment_5060.pdf. Accessed 21 January 2012.

32. Jacobs, A. (1999). Great Streets. Cambridge: MIT Press.

33. Angel, S. et al (2010). Making room for a planet of cities. Cambridge: Lincoln Institute of Land Policy.

34. Commission for Architecture and the Built Environment (2007). Paved with Gold. London: CABE. http:// webarchive.nationalarchives.gov. uk/20110118095356/http:/www.cabe. org.uk/files/paved-with-gold.pdf.

35. Kockelman, K. (2010). Transportation and land use solutions for low-carbon cities. Paper presented at the NSF's U.S.-China Workshop on Pathways to Low Carbon Cities, Hong Kong Polytechnic University, December 13-14, 2010.

36. McPherson, G., Nowak, D. and Rowntree, R. eds. (1994). Chicago's Urban Forest Ecosystem: Results of the Chicago Urban Forest Climate Project. Radnor, Pennsylvania: Northeast Forest Experiment Station.

37. Frank, J. E. (1989). The Costs of Alternative Development Patterns: A Review of the Literature. Washington D.C.: Urban Land Institute.

38. Nadkarni, N. (2008). Between Earth and Sky: Our Intimate Connections to Trees. Los Angeles: University of California Press.

39. Bertaud, A. and Richardson, W. (2004). Transit and Density: Atlanta, the United States and Western Europe. Urban Sprawl in Western Europe and the United Sates. Richardson W, Chang-Hee, C. (eds.). London: Ashgate.

40. Pushkarev B. and Zupan, J. (1977). Public Transportation and Land Use Policy. Bloomington: Indiana University Press.

41. Institute of Transportation Engineers. (1989.) A Toolbox for Alleviating Traffic Congestion. Washington, DC: ITE.

42. Rogers of Riverside, Towards an Urban Renaissance. Final Report of the Urban Task Force Taylor and Francis, (London, 1999), pp. 61–63.

43. Dunphy RT and Fisher K (1996) Transportation, Congestion, and Density: New Insights. Transportation Research Record, No. 1552, Washington DC: Transportation Research Board.

44. Kockelman, K. (2010). Transportation and land use solutions for low-carbon cities. Paper presented at the NSF's U.S.-China Workshop on Pathways to Low Carbon Cities, Hong Kong Polytechnic University, 13-14 December, 2010.

45. Watson, D. et al (2003). Time saver standards for urban design. New York: McGraw-Hill.

46. Bertaud, A. (2010). Spatial structures, land markets and urban transports. Available: http://www.afd.fr/webdav/site/afd/shared/PORTAILS/SECTEURS/DEVELOPPEMENT_URBAIN/formesurbainesettransport/AB_Atelier-bertaud-AFD_10-11_juin.pdf Accessed 25 January 2012.

47. Suzuki, H., Dastur, A., Moffatt, S. and Yabuki, N. (2009) Eco2 Cities. Washington, D.C.: World Bank.

48. Cervero, R. (2008). Effects of TOD on Housing, Parking and Travel. Transit Cooperative Research Program Report 128. Washington, D.C.: Federal Transit Administration.

49. Atlanta Beltline. http://beltline.org/ Accessed 28 January 2012.

50. UN-Habitat (2012). State of the World Cities 2010/2011: Bridging the Urban Divide. Nairobi: UN-Habitat.

51. Delhi Mumbai Industrial Corridor. http://delhimumbaiindustrialcorridor.com/ Accessed 28 January 2012.

52. Schiller P., Bruun, E., Kenworthy, J. (2010). An introduction to sustainable transportation. London: Earthscan.

53. Cairns, S., Hass-Klau, C. and Goodwin, P.B. (1998). Traffic impact of highway capacity reductions: assessment of the evidence. London: Landor Publishing.

54. Suzuki, H., Dastur, A., Moffatt, S. and Yabuki, N. (2009) Eco2 Cities. Washington, DC: World Bank.

55. Appleyard, D. (1977). Liveable urban streets: managing auto traffic in neighbourhoods. Ann Arbor: University of Michigan.

56.　http://homepage.ruhr-uni-bochum.de/
　　　Dietrich.Braess/#paradox Accessed 29
　　　January 2012

57.　Transportation Alternatives. (2000). Vol
　　　5, No. 2 http://www.transalt.org/files/
　　　newsroom/magazine/002MayJune.pdf
　　　Accessed 28 January 2012.

58.　Transport Canada (2006). The cost of
　　　urban congestion in Canada. http://www.
　　　gatewaycouncil.ca/downloads2/Cost_of_
　　　Congestion_TC.pdf.

59.　Schiller P., Bruun E., Kenworthy J.
　　　(2010). An introduction to sustainable
　　　transportation. London: Earthscan.

60.　(2007). Chapter 3 Spatial Planning. In
　　　S. S. Nelson Mandela Bay Municipality,
　　　Sustainable Communities Planning Guide.
　　　Nelson Mandela Bay Municipality, SIPU,
　　　SSPA, SIDA.

61.　UNEP (2011) Towards a Green Economy:
　　　Pathways to Sustainable Development
　　　and Poverty Eradication, www.unep.org/
　　　greeneconomy. Accessed 25 November
　　　2011.

62.　Vuchic, V. (2007). Urban Transit. Systems
　　　and Technology. Somerset, N.J.: John
　　　Wiley and Sons.

63.　Estupiñán, N., Gómez-Lobo, A.,
　　　Muñoz-Raskin, R., Serebrisky, Y. (2007).
　　　Affordability and Subsidies in Public
　　　Urban Transport: What do we mean,
　　　what can be done? Policy Research
　　　Working Paper 4440. Washington D.C.:
　　　World Bank.

64.　Organisation of Economic Cooperation
　　　and Development (2004). Managing
　　　Urban Traffic Congestion. Paris: OECD.

65.　World Water Council (2000). World
　　　Water Vision. London: Earthscan.

66.　Veolia Water (undated). Finding the
　　　Blue Path for A Sustainable Economy.
　　　Available: http://www.veoliawaterna.
　　　com/north-america-water/ressources/
　　　documents/1/19979,IFPRI-White-Paper.
　　　pdf Accessed: 7 July 2012.

67.　Siemens (2010-11) Green City Index.
　　　http://www.siemens.com/entry/cc/en/
　　　greencityindex.htm.

68.　UNEP. GEO 3.

69.　Siemens (2010-11). Green City Index.
　　　http://www.siemens.com/entry/cc/en/
　　　greencityindex.htm.

70.　Kingdom, B,, Liemberger, R., Marin,
　　　P. (2006). The Challenge of Reducing
　　　Non-Revenue Water (NRW) in Developing
　　　Countries. How the Private Sector Can
　　　Help: A Look at Performance-Based
　　　Service Contracting. Water Supply and
　　　Sanitation Sector Discussion paper Series.
　　　Paper No. 8. Washington DC: World
　　　Bank.

71.　Siemens (2010-11). Green City Index.
　　　http://www.siemens.com/entry/cc/en/
　　　greencityindex.htm.

72.　Capital Regional District Water
　　　Department. www.crd.bc.ca/water.
　　　Accessed 8 February 2012.

73.　Government of Singapore (2010).
　　　"NEWater.". http://www.pub.gov.sg/
　　　about/historyfuture/Pages/NEWater.aspx.
　　　Accessed 25 February 2012.

74.　NUS Consulting Group (2008).
　　　International Water Survey & Cost
　　　Comparison. http://www.nusconsulting.
　　　com/files/2008_Intl_Water_Survey.pdf
　　　Accessed 2 February 2012.

75.　Komives, K., Foster, V., Halpern, J., Wood,
　　　Q. (2005). Water, Electricity and the Poor.

Who benefits from utility subsidies? Washington D.C.: World Bank.

76. Komives, K., Foster, V., Halpern, J., Wood, Q. (2005). Water, Electricity and the Poor. Who benefits from utility subsidies? Washington D.C.: World Bank.

77. Banerjee, S., Foster, V., Ying, Y., Skilling, H., Wodon, Q. (2010). Cost Recovery, Equity, and Efficiency in Water Tariffs. Evidence from African Utilities. Washington D.C.: World Bank.

78. Pagiola. S., Martin-Hurtado, R., Shyamsundar, P., Mani, M. and Silva, P. (2002). Generating Public Sector Resources to Finance Sustainable Development. Washington, D.C.: World Bank.

79. OECD Factbook (2010). Available http://www.oecdilibrary.org/docserver/download/fulltext/3010061ec064.pdf?expires=1328545589&id=id&accname=freeContent&checksum=D5F59CB5A66C3209B15E46210DF84B92.

80. Siemens (2010-11). Latin American Green City Index; Asian Green City Index. Available http://www.siemens.com/entry/cc/en/greencityindex.htm.

81. Baban, S.M.J. and Flannagan, J. (1998). Developing and Implementing GIS-assisted Constraints Criteria for Planning Landfill Sites in the UK. Planning Practice and Research, vol. 13, No. 2, pp. 139-151.

82. Pagiola, S., Martin-Hurtado, R., Shyamsundar, P., Mani, M. and Silva, P. (2002). Generating Public Sector Resources to Finance Sustainable Development. Washington, D.C.: World Bank.

83. Hoornweg, D., Thomas, L. and Otten, L. (2000). Composting and Its Applicability in Developing Countries. World Bank Working Paper Series. Washington D.C.: World Bank.

84. Lahore Compost Limited. http://www.lahorecompost.com/ Accessed 15 May 2012.

85. Medina, M. The informal recycling sector in developing countries. World Bank PPIAF. Grid Lines Note No. 44 – October 2008. Available http://www.wds.worldbank.org/external/default/WDSContentServer/WDSP/IB/2009/01/27/000333038_20090127004547/Rendered/PDF/472210BRI0Box31ing1sectors01PUBLIC1.pdf.

86. Sustainable Energy Authority of Ireland. http://www.seai.ie/SEC/The-Communities/Dundalk_2020/ Accessed 10 July 2012.

87. UN-Habitat and ICLEI (undated). Sustainable Urban Energy Planning. Nairobi: UN-Habitat.

88. Barcelona Energy Agency. www.barcelonaenergia.cat/homeeng.htm. Accessed 10 July 2012.

89. Salat,S. (2011). Cities and Forms on Sustainable Urbanism. Paris: Hermann Editeurs.

90. Morikawa, M. (2012). Population density and efficiency in energy consumption: An empirical analysis of service establishments. Energy Economics, Elsevier.

91. Carty, J. and Ahern, A. (2009). Exploring the link between traffic modelling and urban form: applications of the MOLAND model. UCD Urban Institute Ireland: Working Paper.

92. IDAE. (n/d). Alumbrado Exterior y la eficiencia energetica.http://www.idae.es/index.php/id.644/relmenu.355/mod.pags/

mem.detalle. Accessed 28 December 2011.

93. Renewable Energy World, http://www.renewableenergyworld.com/rea/news/article/2007/05/chinas-solar-powered-city-48605 Accessed 30 May 2012.

94. William J. Clinton Foundation. (n/d). Property Giant Tackles "Energy Hogs". Available http://clintonfoundation.org/what-we-do/clinton-climate-initiative/i/property-giant-tackles-energy-hogs Accessed 29 December 2011.

95. UN-Habitat (2009). Planning Sustainable Cities. Global Report on Human Settlements.Nairobi: UN-Habitat.

96. Siemens (2010). Smart grids. Informative brochure.

97. Siemens (2010). Smart grids. Informative brochure.

98. Neuwirth, R. (2011). Stealth of Nations: The Global Rise of the Informal Economy. New York: Pantheon.

99. Kumar A, Scholte J A, Kaldor M, Glasius M, Seckinelgin H, Anheier H (eds). (2009). Global Civil Society 2009. London: Sage.

100. eTransform Africa. (2012). The Transformational Use of Information and CommunicationTechnologies in Africa. http://www.etransformafrica.org/sites/default/files/eTransform-Africa.pdf Accessed 27 May 2012.

101. Hutchings, M.T. et al (2012). mWASH: mobile phone applications for the water, sanitation, and hygiene sector. Oakland, CA, USA: Pacific Institute and Los Angeles, CA, USA: Nexleaf Analytics.

102. DFID and University of Oxford. (2011). Smart water systems. Final Report

to UK Department for International Development.

103. Medina M, The informal recycling sector in developing countries. World Bank PPIAF. Grid Lines Note NO. 44 – OCT 2008. http://www-wds.worldbank.org/external/default/WDSContentServer/WDSP/IB/2009/01/27/000333038_20090127004547/Rendered/PDF/472210BRI0Box31ing1sectors01PUBLIC1.pdf.

104. Habitat for Humanity. (2008). Shelter Report 2008: Building a secure future through effective land policies.

105. Map Kibera. http://mapkibera.org. Accessed 25 May 2012.

106. Rojas E. (2010). Building Cities. Washington D.C.: Inter-American Development Bank.

107. Shidhulai Swanirvar Sangstha. http://www.shidhulai.org Accessed 26 May 2012.

108. Habitat for Humanity (2008). Shelter Report 2008: Building a secure future through effective land policies.

109. SIDA. (2007). Beyond Titling. "Summing up urban land use and land markets", World Bank and SIDA's 4th Urban Research Symposium.

110. Angel, S. (2011). Making room for a plane of cities, Policy Report Focus. Cambridge: Lincoln Institute of Land Policy.

111. Angel, S. (2011). Making room for a plane of cities, Policy Report Focus. Cambridge: Lincoln Institute of Land Policy.

112. Economic and Social Commission for Asia and the Pacific (UNESCAP), 1995.

113. Angel, S. (2011). Making room for a plane of cities, Policy Report Focus. Cambridge: Lincoln Institute of Land Policy.

114. UN-Habitat (2006). Innovative policies for the urban informal economy. Nairobi: UN-Habitat.

115. UN-Habitat (2011). Cities and Climate Change. Global Report on Human Settlements. Nairobi: UN-Habitat.

116. ICLEI (2011). Financing the Resilient City: A demand driven approach to development, disaster risk reduction and climate adaptation. An ICLEI White Paper, ICLEI Global Report.

117. World Bank (2001). Guide to Climate Change Adaptation in Cities. Washington D.C.: World Bank.

118. A Tata Energy Research Institute study cited in Bicknell et al (2009).

119. UN-Habitat (2009). Planning Sustainable Cities. Global Report on Human Settlements.Nairobi: UN-Habitat.

120. Angel, S. (2011). Making room for a plane of cities, Policy Report Focus. Cambridge: Lincoln Institute of Land Policy.

121. Bicknell J., Dodman D., Satterthwaite D. (Editors) (2009). Adapting Cities to Climate Change. Understanding and addressing the development challenges. London: Earthscan.

122. Bicknell J., Dodman D., Satterthwaite D. (Editors) (2009). Adapting Cities to Climate Change. Understanding and addressing the development challenges. London: Earthscan.

123. Reuters, 2012.

124. Bicknell J, Dodman D, Satterthwaite D (Editors) (2009). Adapting Cities to Climate Change. Understanding and addressing the development challenges. London: Earthscan.

125. Bicknell J, Dodman D, Satterthwaite D (Editors) (2009). Adapting Cities to Climate Change. Understanding and addressing the development challenges. London: Earthscan.

126. Danilenko, A., Dickson, E. and Jacobsen, M. (2010). "Climate Change and Urban Water Utilities:Challenges & Opportunities." (Water workingnotes; No. 24). Washington, D.C.: Water Sector Board, Sustainable Development Network, World Bank.

127. ICLEI, Local Governments for Sustainability (2009). International Local Government GHG Emissions Analysis Protocol (IEAP). Version 1.0

128. UN-Habitat (2011). Cities and Climate Change. Global Report on Human Settlements. Nairobi: UN-Habitat.

129. UN-Habitat (2011). Global Report on Human Settlements, Cities and Climate Change, p. 51.

130. http://knowledge.allianz.com/climate/agenda/?651/greenhouse-gas-sources

131. U.S. Environmental Protection Agency, n/d.

132. C40Sao Joao and Bandeirantes Landfills http://c40.org/c40cities/sao-paulo/city_case_studies/sao-joao-and-bandeirantes-landfills. Accessed 23 June 2012.

133. UN-Habitat (2007). Enhancing Urban Safety and Security. Global Report on Human Settlements. Nairobi: UN-Habitat.

134. UN-Habitat (2007). Enhancing Urban Safety and Security. Global Report on Human Settlements. Nairobi: UN-Habitat.

135. UN-Habitat (2007). Enhancing Urban Safety and Security. Global Report on Human Settlements. Nairobi: UN-Habitat.

136. Australian Capital Territory Government. (2000). Crime prevention and urban design resource manual. ACT Department of urban services, planning and land management. Camberra.

137. UN-Habitat (2007). Enhancing Urban Safety and Security. Global Report on Human Settlements. Nairobi: UN-Habitat.

138. Global Violence Precention (undated). Reducing Homicide in Diadema, Brazil. http://www.who.int/violenceprevention/about/participants/Homicide.pdf Accesed 14 July 2012.

139. T. Kruger, a. K. (2007). Crime and public transport. Designing a safer journey. Pretoria: CSIR Built Environment.

140. T. Kruger, a. K. (2007). Crime and public transport. Designing a safer journey. Pretoria: CSIR Built Environment.

141. T. Kruger, a. K. (2007). Crime and public transport. Designing a safer journey. Pretoria: CSIR Built Environment.

142. Council of European Municipalities and Regions (CEMR). (n/d). The Town for Equality. A methodology and good practices for equal opportunities between women and men. European Commission, DG Employment and Social Affairs.

143. Council of European Municipalities and Regions (CEMR). (n/d). The Town for Equality. A methodology and good practices for equal opportunities between women and men. European Commission, DG Employment and Social Affairs.

144. T. Kruger, a. K. (2007). Crime and public transport. Designing a safer journey. Pretoria: CSIR Built Environment. Citing (Loukaitou-Sideris et al, 2001).

145. UN-Habitat (2007). Enhancing Urban Safety and Security. Global Report on Human Settlements. Nairobi: UN-Habitat.

146. T. Kruger, a. K. (2007). Crime and public transport. Designing a safer journey. Pretoria: CSIR Built Environment.

147. Newman, O. (1996). Creating Defensible Space. Washington DC: Institute for Community Design Analysis. US Department of Housing and Urban Development.

148. National Crime Prevention Council NCPC (2003). Crime prevention through environmental design. Guidebook. Singapore.

149. Farrington, B. C. (2002). Crime prevention effects of closed circuit television: a systematic review. . London: Home Office Research Study 252, Development and Statistics Directorate.

150. Design Center for CPTED Vancouver. (n.d.). Retrieved from http://www.designcentreforcpted.org/.

151. National Crime Prevention Council NCPC (2003). Crime prevention through environmental design. Guidebook. Singapore.

152. Bustamante, L. and Gaviria, N. (2004). The Bogotá Cadastre. Land Lines: April 2004, volume 16, No 2. Cambridge: Lincoln Institute of Land Policy.

153. This section has been extracted from (Zhihua Zeng, March 2011).

154. This section is adapted from Peterson, E. (2009), Unlocking Land Values to Finance Infrastructure. Washington D.C.: World Bank.

155. Frank, J. E. (1989). The Costs of Alternative Development Patterns: A Review of the Literature. Washington D.C.: The Urban Land Institute.

156. Wheaton, W., Schussheim, M. (1955). The cost of municipal services in residential areas. Washington D.C.: US Department of Commerce, Office of Technical Services.

157. Blais, P. (1995). The Economics of Urban Form. Toronto: Greater Toronto Area Task Force.

158. UN-Habitat, 2004.

159. UNESCAP, UN-Habitat, 2008.

160. KPMG (2010). INSIGHT: Infrastructure 2050. Available: http://www.kpmg.com/Global/en/IssuesAndInsights/ArticlesPublications/insight-magazine/Documents/insight-nov-2010.pdf. Accessed 20 May 2012.

致　谢

Project supervisors: Laura Petrella, John Hogan
Principal author: Pablo Vaggione
Background papers: Elda Solloso, Gil Kelley, Mona Serageldin
Contributors: Akiko Kishiue, Andries Geerse, Ben O Odondi, Beryl Baybay,
                         Castro Sanfins Namuaca, Cecilia Martinez, Chris Williams,
                         D.T. Dayaratne Perera, Dinka Karakasic, Edgar F Ribeiro, Elijah
                         Agevi,
                         Joris van Etten, Bernadia Irawati Tjandradewi, Jacqueline Leavitt,
                         Jose Chong, Mairura Omwenga, Marek Vogt, Michael Stevns,
                         Muthoni Orlale, Myriam Merchan, Nazira Cachalia, Pradeep
                         Kapoor,
                         Pragya Rajoria, Raf Tuts, Rajni Abbi, Shan Zheng, Stefan Denig,
                         Tatiana Celliert, Ogliari, Tom Van Geest,
                         Tumukunde Hope Gasatura, Vinay D. Lall

Peer Reviewers: George McCarthy, Pablo Farías (Ford Foundation); Joan Busquets
                         (Harvard University); David Wilk, Gisela Campillo, Luis Manuel
                         Espinoza Colmenares (Inter-American Development Bank);
                         Armando Carbonell, Greg Ingram, Martin Smolka (Lincoln
                         Institute of Land Policy); Dinka Karakasic, Martin Powell, Michael
                         Stevns, Stefan Denig (Siemens AG); Arish Dastur, Chandan
                         Deuskar, Dan Hoornweg, Hiroaki Suzuki, Judy Baker, Mansha
                         Chen, Pedro Ortiz, Victor Vergara (World Bank); Robin Ried (World
                         Economic Forum); Clayton Lane, Dario Hidalgo, Robin King (World
                         Resources Institute); Gayle Berens, Jess Zimbabwe, John Mcilwain,
                         Rick Rosan, Uwe Brandes (Urban Land Institute)

译后记

一本适逢中国城乡规划转型的图书

自1978年改革开放序幕拉开，至2011年，中国的城镇化率达到51.26%，中国的社会、空间组织形式由乡土中国进入城市社会。2014年3月16日，中共中央国务院印发《国家新型城镇化规划（2014～2020年）》，也意味着城镇化正式上升为国家战略。中国城镇化的"后50%"阶段，是大规模基本建设完成后，重点进入城市功能开发建设特定的历史阶段，更加强调内涵性的功能建设与权利性的制度建设，而不仅仅是只具有一副物理外观的城镇化。相应地，这对当下中国城乡规划的理论视角、研究和编制技术方法、城乡规划的管理实施体系提出新的要求。笔者认为，重新强调城乡规划的公共政策属性可能是提纲挈领的"纲和领"，有助于梳理"政府—市场—规划师—市民"的城乡规划治理体系，落实城乡规划"人—地—财"、"责—权—利"之间的匹配，推进城乡规划研究和编制的技术创新。

《城市规划——写给城市领导者》成书于2013年。2014年，译者于联合国人居署官方主页上发现了这本书，下载学习中感受到书中非常好地展现出公共政策思维对城乡规划的技术解读："城市规划并不是一张图纸……它是一个帮助领导者把愿景转化为现实的框架，它把空间作为发展的核心资源，并让利益相关者一路参与其中……这样的过程和决策，是城市转型的支柱。城市规划将空间、过程和资源联系起来，与金融、立法和管理共同发挥作用。"读到这样一段富有深度的文字，让身处今日中国城市规划转型大潮的我们深感共鸣。

全书立足国际城市发展视野和最新一线实践，对城市规划精髓的深刻阐释和先进见解，令人豁然开朗。然而除了学科发展之高瞻远瞩，译者认为它还是鲜见的、并非仅仅面向城市规划技术从业人员，而是面向对城乡规划编制与实施具有重大影响的城市最高决策者编纂的一本应用型图书。本书以五个强有力的"为什么"开篇，开宗明义地指出城市规划对于城市转型和发展的战略性作用、十个主要战术、可能遇到的主要障碍，以及落实规划的重要性和方法；接下来，它详细阐述了城市领导者关注的"十个如何"——

如何选择城市格局，如何缓解拥堵并提供各种基本服务等，特别是如何吸引财政资源，如何分配投资，如何建立伙伴关系，如何衡量影响——并针对每个"如何"提出了控制要素或工具方法，如控制密度、控制参与方式、如何反馈等，还在每个"如何"后给出可借鉴的城市案例，可谓非常有针对性，也非常有操作性。其中涉及的十个"如何"，有传统的公共服务提供问题，也有比较新颖的参与式预算方案，有发展中国家的案例，也有发达国家的案例，在一定程度上能够涵盖城镇化率前50%和后50%遇到的问题和破解途径。并且，书中提到的一些方案，如空间规划与"城市展望"（vision）的联系，实际与我国正在进行的新型城镇化规划以及空间规划制度创新有颇多不约而同，深感他山之石可以攻玉。为此两点，译者深感将此书翻译成中文出版，是很有现实意义与价值的。

本书的顺利出版首先需要感谢联合国人居署工作人员、中国建筑工业出版社编辑们的耐心沟通、尽职工作和无私帮助，在此过程中我们结下了深厚的情谊。感谢联合国人居署Laura Petrella女士、Ndinda Mwongo女士在本书授权方面反复的沟通交流；感谢人居署Raf Tuts先生、人居署驻华代表张振山先生莅临中央财经大学，对本书的翻译和出版工作进行沟通和指导；特别感谢人居署区域合作司顾问沈建国先生长期以来及时地回复、耐心地通联，不断推进本书的出版工作，感谢他每次到访北京都在百忙之中抽空与译者面谈，不仅在工作上，甚至在人生经验上都给予译者无限的支持。我们还需要感谢中国建筑工业出版社董苏华、孙书妍两位资深编辑给出的详尽建议和帮助。

译者特别感谢国家住房与城乡建设部原副部长，现为国务院参事、中国城市科学研究会理事长，中国城市规划学会理事长的仇保兴博士亲自为本书作序，这份对年轻学者的关怀与支持对我们的成长是莫大的鼓励与支持。

最后要感谢我们未曾知名的、为这本书做出努力的工作者与给予支持的朋友们。

我们赞同联合国人居署的宗旨——"为达到包容的、可持续的、平衡的城乡发展在全球奔走呼号"，并愿意不断身体力行，此为第一个脚步。而身处中国城乡规划转型的历史巨幕之下，我们更曾经慨然而书"新常态·新青年·新宣言——面向海内外青年规划人联合推动我国规划创新的倡议"，希望海内外青年规划人联合起来，用实际行动连接世界与中国、理论与实践，为建设中国特色城市规划体系，建立中国在世界城市规划领域的学术话语体系，并积极拓展和交流，为提高在全球城市规划学术界的影响力和软实力做出应有贡献，才是我们所有中国规划人的历史使命和追求。

译者
2015年重阳畅秋

译者简介

王伟 城市规划工学博士，现为中央财经大学政府管理学院城市管理系副教授，副系主任。主要研究领域：城市与区域可持续规划理论与方法、城市群研究、空间管控与规划实施。

那子晔 中央财经大学政府管理学院城市管理系讲师。目前主要研究兴趣是区域战略及结构、城市（功能）网络测度以及城乡规划政策。

李一双 中央财经大学政府管理学院行政管理系研究生。目前主要研究兴趣是公共物品理论、城镇化以及基础设施投融资规划。